中等职业学校
建筑装饰技术专业教材

JIANZHU ZHUANGSHI ZHITU

建筑装饰制图

主编　李永霞

高等教育出版社·北京

内容简介

　　本书根据教育部颁布的中等职业学校建筑装饰技术专业教学标准，并参照有关国家职业技能标准和行业岗位要求编写。

　　本书分为理论准备、边学边练和实操实练三个模块，主要内容包括：制图基本知识、投影基本知识、三面投影、轴测图、剖面图和断面图、建筑施工图和建筑装饰施工图。

　　本书为立体化新形态教材。李永霞主编的《建筑装饰制图习题集》与本书配套使用。通过手机扫描书上的二维码，可观看教学动画。登录 Abook 网站 http://abook.hep.com.cn/sve 或 Abook APP，可获取配套课件，详细说明见本书"郑重声明"页。登录智慧职教网站 http://www.icve.com.cn 或云课堂智慧职教 APP，可进行在线学习，测验考试、互动讨论等。

　　本书是中等职业学校建筑装饰技术专业教材，也可作为相关企业岗位培训用书和工程技术人员参考用书。

建筑装饰制图是中等职业学校建筑装饰技术专业的一门专业基础课程。本课程以培养建筑装饰行业高素质技术技能人才为目标，通过对制图基本知识、投影基本知识、三面投影、轴测图、剖面图和断面图等基础知识，以及建筑施工图、建筑装饰施工图的制图和识图技能的学习，为学生顺利进入下一阶段的专业技能课程学习奠定基础。

本书遵循"做中学、做中教"的职业教育理念，根据工作岗位实际需要，在系统梳理建筑装饰制图和识图知识的基础上，具有以下几个特点：

1. 落实立德树人的根本任务，重视学生职业素养养成，将专业精神、职业精神和工匠精神融入人才培养全过程。例如，在知识链接里增加了中国古代建筑学家及著名著作的介绍，在引导学生了解中国灿烂的古代文明的同时增强对专业知识的兴趣。制图基本知识部分结合建筑制图国家标准的学习，从专业知识上渗透建筑职业操守。

2. 定位明确，具有较强的基础性和实用性。内容通俗易懂，以够用为度；系统性和实用性结合，以实用为准；理论与实践结合；以实践为主。

3. 表达直观，投影图和立体图配合，一目了然，便于理解。

4. 理论联系实际。实操实练模块通过实际图纸的绘制和识读，有利于衔接后续课程和拓展专业知识，有利于学习者知识的建构，搭建中高职衔接与贯通的"立交桥"。

本书采用国家现行制图标准，按照模块教学（即理论准备模块、边学边练模块和实操实练模块）的形式编写，共包括走进课堂和7个单元。各部分教学内容的学时分配可参考下表：

模块	教学内容	学时分配		
		理论讲授	实践操作	合计
理论准备	走进课堂	2	2	4
	制图基本知识	4	2	6
	投影基本知识	2	2	4
边学边练	三面投影	14	16	30
	轴测图	4	4	8
	剖面图和断面图	2	2	4
实操实练	建筑施工图	2	6	8
	建筑装饰施工图	2	6	8
小计		32	40	72

本书是立体化新形态教材。李永霞主编的《建筑装饰制图习题集》与本书配套使用。通过手机扫描书上的二维码，可观看教学动画。登录Abook网站http://abook.hep.com.cn/sve或Abook APP，可获取配套课件，详细说明见本书"郑重声明"页。登录智慧职教网站http://www.icve.com.cn或云课堂智慧职教APP，可进行在线学习、测验考试、互动讨论等。

本书由河北城乡建设学校的专业教师和设计、施工企业的技术人员合作编写。李永霞任本书主编，王烨、陈瑞卿任本书副主编，具体分工如下，走进课堂由李永霞和戴捷编写；单元1由王烨编写；单元2由王烨和北方工程设计研究院有限公司曹丽丽编写；单元3、单元4、单元6、单元7由李永霞编写；单元5由陈瑞卿和河北建工集团姚立国编写；附图由姚立国和曹丽丽绘制。

本书由广东科贸职业学院梁剑麟主审，他对书稿提出了许多宝贵意见和建议，在此表示衷心感谢。本书在编写过程中得到了有关领导、同事、学生和朋友的帮助，在此一并致以诚挚的谢意。

由于编者水平有限，书中难免有不妥之处，恳请专家和读者批评指正（读者意见反馈信箱：zz_dzyj@pub.hep.cn）。

编　者

目录

理论
准备

走进课堂

导读　工程图纸是工程技术界的"语言"，是工程技术人员用于交流的工具，国家根据视图的原理规定了科学的制图方法。建筑装饰设计作为建筑设计的延续，在建筑装饰制图中大多按照建筑制图的方法表达设计思想。

本书整合了建筑装饰专业与"图"相关的知识和技能，包括制图和投影的基本知识、三面投影、轴测图、剖面图和断面图、建筑施工图、建筑装饰施工图等内容，相信只要打开这扇专业的大门，按照书中所述方法一步一个脚印学习和训练，就一定能达到专业水平。

0.1

建筑装饰制图的历史和重要性

学习目标　·了解建筑制图的历史及发展概况；

·认识制图与识图技能在工程技术界的重要作用；

·掌握建筑装饰制图的学习方法。

一、建筑制图的历史及发展概况

1. 我国建筑制图的历史

　　自古以来，我国对建筑图样绘制与制图工具的要求都非常严格，其中宋代的建筑师李诫编著的《营造法式》详细叙述了当时制图的标准和规定，是我国古代最完整的建筑设计及施工的规范书（参见本课后的知识链接）。

　　1977年河北省平山县发掘了公元前4世纪战国时期的中山王墓，在众多的随葬品中发现的铜版错金银中山兆域图是至今发现的世界上最早的建筑平面设计图。中山兆域图以铜筑版，在其上采用正投影法，按1：500的比例，用金银作线条镶错出陵园平面图，对陵园建筑的各个部分及其相互距离标注了尺寸，如图0-1所示。据专家考证，这块铜版平面图曾用于指导中山王陵的施工，是世界上罕见的古代名副其实的图样，它有力地证明了中国在2 000多年前就已经能在施工前进行设计和绘制工程图样。

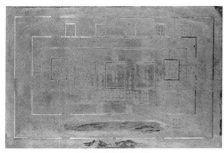

(a) 铜版平面图　　　　　　　　　　　　　　　(b) 复原图

图0-1 中山兆域图

2. 工程图纸是工程界的"语言"

　　工程建设行业中，习惯上把根据投影原理或有关规定绘制，通过线条、符号、文字说明及其他图形元素表示工程形状、大小、结构等特征的图样，称为工程图纸，简称图纸。凡是从事建筑工程设计、施工、管理的工程技术人员都离不开工程图纸，在建筑装饰工程中也是一样的。无论是装修华丽的高楼大厦还是普通的居住建筑，都要根据设计完善的图纸进行施工。这是因为图纸可以借助一系列图形和必要的文字说明，将建筑的艺术造型、外表形状、内部布置、结构构造以及其他施工要求准确而详尽地表达出来，作为施工的依据。

俗话说"一幅图胜过千言万语"，因此工程图纸被称为工程界的"语言"。因为各国的工程图纸都是根据同样的投影理论绘制出来的，所以工程图纸还是一种国际性语言，各国的工程界经常以工程图纸为媒介进行各种交流活动。

二、掌握建筑装饰制图技能的重要性

随着计算机技术的飞速发展，计算机绘图由最初的辅助设计手段逐渐变成现今工程技术人员的必备技能，它使人们摆脱了旧时低效的绘图，进入了高效精确的绘图时代。现代计算机绘图已经非常普及了，但是学习建筑装饰制图课程为什么仍然非常重要呢？

1. **更好地掌握制图与识图的基本理论知识**

计算机及相关绘图软件仅仅是工具而已，是相对于尺规绘图工具更高效的替代品。我们只有掌握了制图的基本理论知识及计算机绘图的技能，才能在使用计算机进行绘图时快速准确地表达设计思想，得心应手地发挥出计算机绘图的优势。

2. **培养良好的绘图习惯**

传统的尺规绘图耗时长、劳动强度大、效率低、绘图精度不易保证，我们现在学习尺规绘图并不是为了在今后用尺规绘图的方法来绘制图纸，而是为了学习和培养良好的绘图习惯，将来在计算机绘图中才能更好地发挥机器速度快、效率高、绘图精度高的优势。

3. **培养严谨的职业素养**

青少年学生普遍存在心浮气燥、粗枝大叶等弱点，难以静下心来，通过尺规绘图训练能够培养我们严谨细致的学习习惯和精益求精的工匠精神，这些优秀的职业素养在计算机绘图、专业课学习及以后的职业生涯中都是非常重要的。

现在世界上绝大部分国家在培养学生绘图的初期都是利用尺规绘制的方法，这充分说明了建筑制图基础知识对于专业学习的重要作用。

建筑装饰制图课程的学习任务和学习方法

学习目标
· 了解建筑装饰制图课程的学习任务；
· 了解和掌握建筑装饰制图课程的学习方法。

一、建筑装饰制图课程的学习任务

通过本课程的学习，我们可以了解制图标准及建筑施工图、建筑装饰施工图的绘制程序与步骤，掌握阅读和绘制工程图纸的理论和方法，从而培养空间想象能力和绘制工程图纸的技能，为毕业后从事建筑装饰施工和设计工作打下良好基础。

1. 识读能力

图纸的识读能力就相当于语言交流时"听"的能力。图纸是建筑工程不可缺少的重要技术资料，所有从事工程技术的人员都必须掌握图纸的识读能力，如果不会读图就无法理解别人的设计意图，无法完成从设计图到现实的转变。

2. 绘图能力

绘图能力相当于语言交流中"说"的能力，不会绘图就无法表达自己的构思，无法让别人通过图纸了解设计的方方面面。绘图能力通过专业的三面正投影图、剖面图、轴测图等来完成，这些都是本课程学习的重点。

3. 职业素养

不仅要培养较熟练的识图和绘图能力，还要培养善于自学、创新思变、团队协作、职业规范和职业道德等综合素质和能力。工程图纸是施工的依据，往往会因为一条线或者一个数字的差错而造成返工。因此，学习制图从一开始就要培养认真负责、一丝不苟的工作作风。同时，在新的社会背景下，工匠精神被赋予了新的使命，包括专注坚守的职业精神、精益求精的品质精神、勇于创新的卓越精神、协同合作的团队精神，我们不能忽视这种综合素质的培养。

"热爱是最好的老师"，对专业的热爱和对知识的渴求是推动学习的动力。21世纪人才竞争日趋激烈，就业竞争日趋严峻，只有端正态度、刻苦钻研，才能不断前进。我们还要具备较强的自学能力，才能适应知识不断更新的时代，也才能适应终身学习的需要。

二、建筑装饰制图课程的学习方法

建筑装饰制图是一门实践性和操作性都很强的专业核心课程，装饰设计中涉及的很多造型、布局、材料以及施工要求等都需要在图纸上详尽表达出来，作为施工的依据。

我们要通过理论的学习和作业的实践，逐步使自己具备一定的空间想象能力和构思能力。通过熟悉建筑制图基础知识、原理及标准，能够运用各种图示语言来识读和表达室内设计工程图，为后续专业课程的学习打好基础。

想要学好本课程应从以下几方面入手：

1. **多看——开阔眼界**

学习建筑装饰制图最重要的就是要多实践，平时要多看书，多看图纸。除此之外，在日常生活中还要多观察身边的建筑物、构件、造型、装饰等，想象它们用图应该怎么表示？理论联系实际是最好的学习方法。

2. **多问——主动思考**

看图纸时要主动思考，不会的地方多做总结，问同学、问老师、上网查资料，只要不懂就问。这样几套图纸看下来对建筑及装饰的设计、施工、构造的表达就会越来越清楚了。

3. **多练——夯实基础**

"千里之行始于足下"，我们平时要按照老师的进度和教材的要求，技能训练、练习题以及尺规绘图等作业都要认真完成，通过每次的作业积累夯实专业基础。画图的过程即图解思考的过程，每一次根据模型（或立体图）画出投影之后，随即移开模型（或立体图），通过想象原来物体的形状，再检查是否和模型（或立体图）相符？坚持这样"三维→二维→三维"的练习，可以促进空间想象能力的快速培养。

4. **多想——培养空间想象能力**

从二维图纸到三维立体的空间想象能力的培养绝不是一蹴而就的，需要系统严格的学习和训练，才能把这个技能掌握。初学时可借助于模型或立体图，加强图物对照的感性认识，逐渐减少对模型和立体图的依赖，直至可以完全依靠自己的空间想象力看懂图纸。

总之，要树立认真学习的态度，主动思考、读画结合才是学习本课程的捷径。

知 识
链 接
李诚和《营造法式》

李诚（图0-2，1035—1110），北宋著名建筑学家，字明仲，郑州管城县（今河南新郑）人。李诚编修的《营造法式》是一部建筑科学技术的百科全书，是中国古代最完善的土木建筑工程著作之一，也是世界上最早、最完备的建筑学著作，对建筑技术、用工用料估算以及建筑装饰等均有详细的论述。梁思成曾评价《营造法式》，"其科学性，在古籍中是罕见的"。

李诚从小天赋异禀、好学多才，精于书法、绘画，但他的志向却是在建筑设计方面，他把艺术心得充分发挥在建筑工程上。后来在任职于将作监的十三年中，主持营建了不少宫廷建筑。李诚一生曾有多方面的著作，但大多已散佚失传，《营造法式》是唯一传世的著作。在编写过程中，他以匠为师，与

／图0-2 李诚画像／

数百名从事建筑的工匠分析比较各种建筑营造方法的优缺点，努力找出构件尺寸之间的相互比例关系，以期制定出科学的规范制度。《营造法式》不仅内容十分丰富，且附有非常珍贵的建筑图样，开创了图文并茂的一代新风。这些图样细腻逼真，丰富多彩，充分反映了中国古代工程图学和美术工艺的高超水平，如图0-3所示。

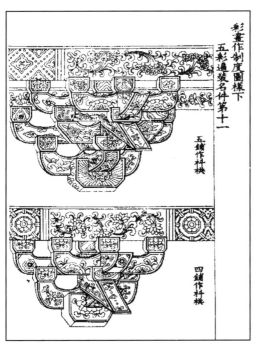

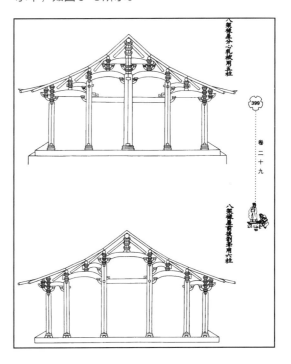

／图0-3《营造法式》图样／

技 能
训 练
1. 观察自己所在教室的四面墙的装饰布置，徒手完成教室墙面的原始立面图。教室简况及平面图、立面图如图0-4所示，可参考该图纸的表达方法。

2. 在原始立面图的基础上，按照自己的设计思路，徒手完成墙面的设计草图，如图0-5所示。

(a) 教室简况

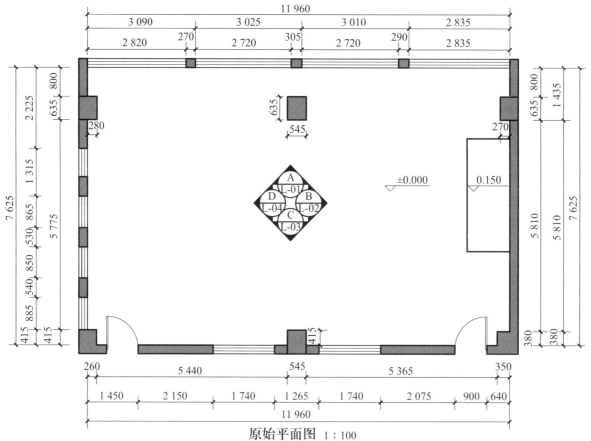

原始平面图 1:100

(b) 原始平面图

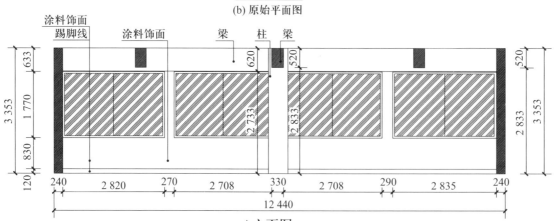

涂料饰面
踢脚线　　涂料饰面　　梁　　柱　　梁

A立面图 1:50

(c) A立面图

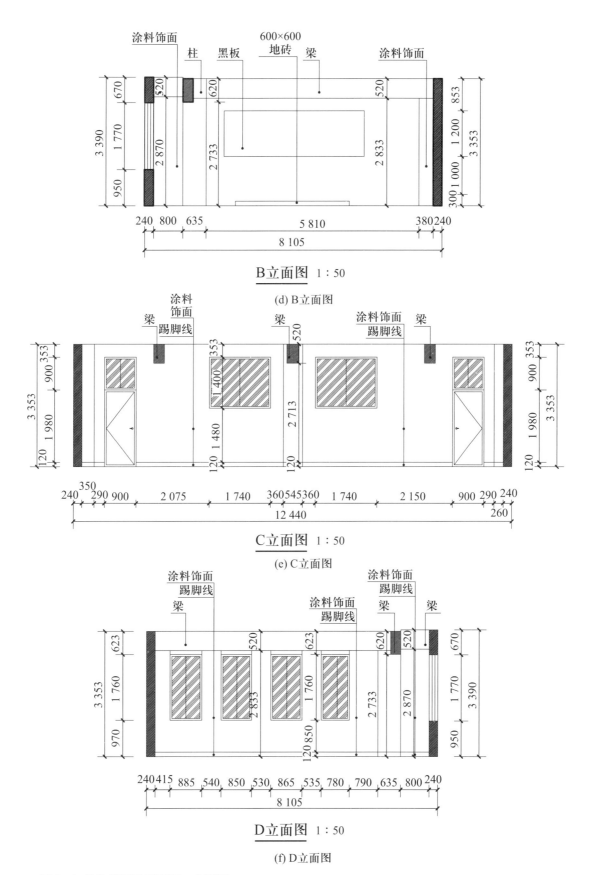

涂料饰面　柱　黑板　600×600地砖　梁　涂料饰面

B立面图 1:50

(d) B立面图

梁　涂料饰面　踢脚线　梁　涂料饰面　踢脚线　梁

C立面图 1:50

(e) C立面图

涂料饰面　踢脚线　涂料饰面　踢脚线　涂料饰面　梁　梁　踢脚线

D立面图 1:50

(f) D立面图

图0-4 教室简况及平面图、立面图

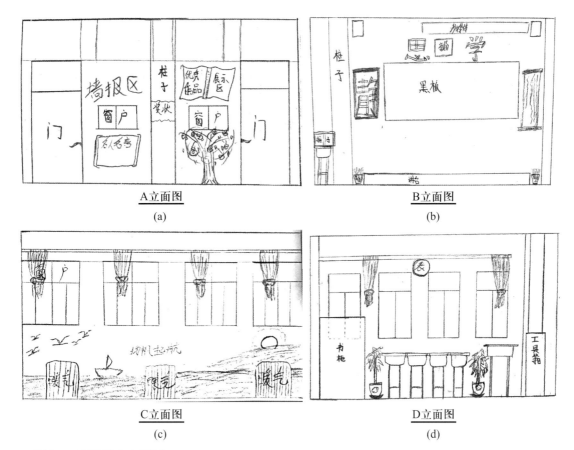

A立面图

(a)

B立面图

(b)

C立面图

(c)

D立面图

(d)

图0-5 手绘教室立面图

制图基本知识

1.1 制图基本规定

学习目标

· 了解常用图纸的幅面和格式；

· 了解各种线型、线宽的特征及用途；

· 掌握规范的字体写法；

· 掌握比例及尺寸标注方法。

图1-1 制图标准

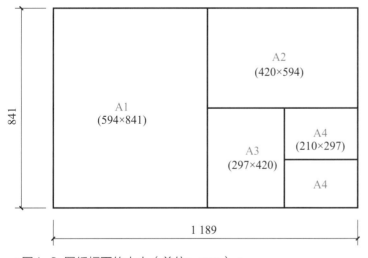

图1-2 图纸幅面的大小（单位：mm）

图纸幅面

为了统一建筑制图规则，做到图面清晰、简明，适应工程建设的需要，国家颁布了很多建筑制图的标准，包括国家标准（GB）和建筑工程行业建设标准（JGJ）。工程人员在设计、施工、管理中必须严格执行这些标准，其中《房屋建筑制图统一标准》(GB/T 50001—2017)、《房屋建筑室内装饰装修制图标准》(JGJ/T 244—2011)是和建筑装饰制图关系最密切的国家制图标准和建筑装饰行业制图标准，如图1-1所示。

我们从学习制图的第一天起，就应该严格遵守国家标准和行业标准中的每一项规定，养成良好的绘图习惯。下面介绍制图标准里的主要内容。

一、图纸幅面和格式

1. 图纸幅面

图纸幅面是用图纸宽度（b）与长度（l）表示的图面大小，简称图幅。建筑制图的图纸幅面从大到小有五个等级，其代号分别为A0、A1、A2、A3和A4，具体尺寸如图1-2所示。

图纸根据图样的大小和布置情况，可以以短边作垂直边，称为横式，也可以以长边作垂直边，称为立式，如图1-3所示。一般A0 ~ A3图纸宜横式使用，必要时也可立式使用；A4图纸一般只可立式使用。图纸中应有幅面线、

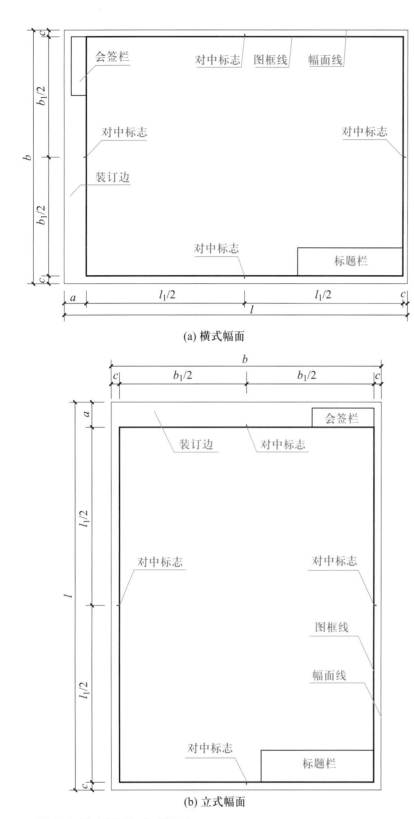

(a) 横式幅面

(b) 立式幅面

图1-3 横式幅面和立式幅面

图框线、标题栏（简称图标）和对中标志，对中标志在图框线的中点，用于需要微缩复制的图纸。

2. 图框线

图框线是图纸上绘图范围的边线，根据《房屋建筑制图统一标准》GB/T 5001—2017，图幅与图框尺寸规定见表1-1。

3. 标题栏

在建筑制图中，为了方便读图及查询相关信息，规定每张图纸都应在右下角、右侧或下侧设置标题栏。标题栏的内容包括：单位名称、图名、图号、比例及设计、校对、审批负责人签字等内容。图纸的标题栏及装订边位置应符合以下规定：横式使用的图纸，装订边在左侧，标题栏应位于图框的右下角或右侧，如图1-4所示；立式使用的图纸，装订边在图纸上侧，标题栏应位于图框的下侧或右下角，如图1-5所示。学生常用的图纸标题栏样式如图1-6所示，位于图框的右下角。

二、图线

1. 线型

建筑和装饰制图中常采用的线型有实线、虚线、单点长画线、折断线、波浪线、点线、样条曲线、变更云线等，其中有些线型还分粗、中粗、中、细等。每种图线都代表着不同的意义和作用，图线的种类和用途见表1-2。

表1-1 图幅及图框尺寸　　　　　　　　　　　　　　　　　　　　　　　　　　　mm

尺寸	幅面				
	A0	A1	A2	A3	A4
$b \times l$	841×1 189	594×841	420×594	297×420	210×297
c	10			5	
a	25				

注：b—幅面短边尺寸；l—幅面长边尺寸；c—图框线与幅面线间宽度；a—图框线与装订边间宽度。

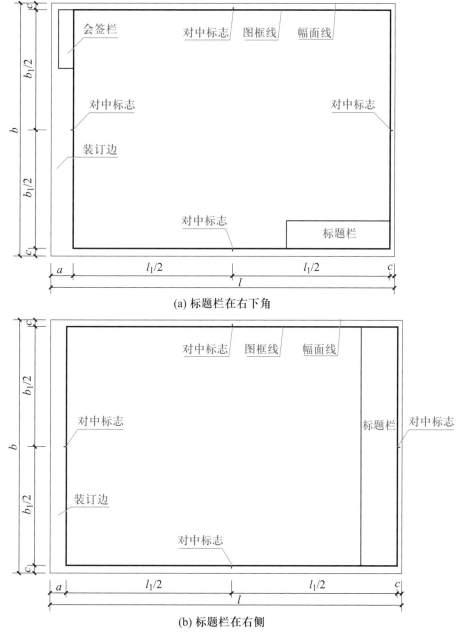

(a) 标题栏在右下角

(b) 标题栏在右侧

图1-4 A0 ~ A3横式幅面标题栏

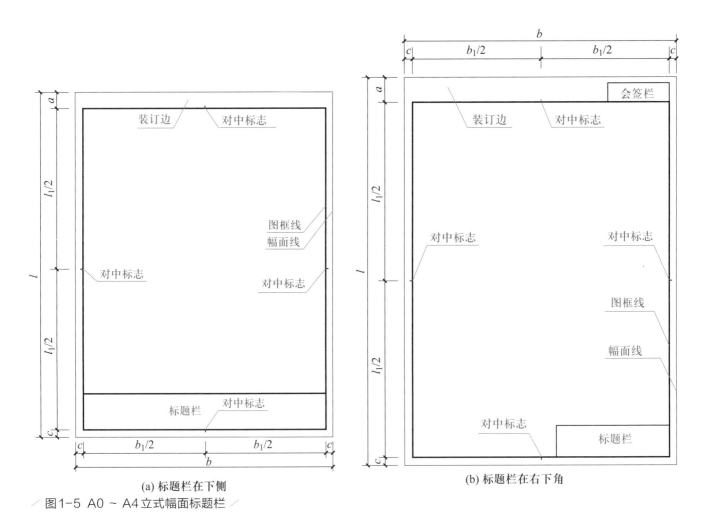

(a) 标题栏在下侧

(b) 标题栏在右下角

图1-5 A0 ~ A4立式幅面标题栏

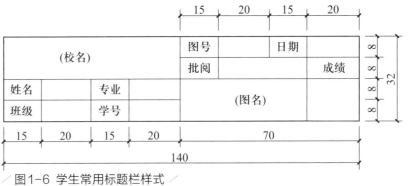

图1-6 学生常用标题栏样式

表1-2 建筑和装饰制图常用图线的种类和用途

名称		线型	线宽	用途
实线	粗		b	平面图、剖面图中的主要可见轮廓线及立面图中的外轮廓线,详图中被剖切部分的主要轮廓线,剖切符号
	中粗		$0.7b$	次要可见轮廓线、详图的外轮廓线
	中		$0.5b$	一般可见轮廓线、尺寸起止符号
	细		$0.25b$	尺寸线、图例填充线、家具线

名称		线型	线宽	用途
虚线	中粗	- - - - - - - - -	0.7b	不可见轮廓线,拟建、扩建建筑装饰装修部分轮廓线
	中	- - - - - - -	0.5b	平面图中剖切面上部的投影轮廓线、图例轮廓线
	细	- - - - - - - -	0.25b	不可见图例填充线、不可见家具线
单点长画线	细	— · — · — · —	0.25b	中心线、对称线、定位轴线等
折断线	细	—— /\/ ——	0.25b	不需要画全的断开界线
波浪线	细	～～～	0.25b	不需要画全的断开界线、构造层次的断开界线、曲线形构件的断开界线
点线	细	· · · · · · · · · · ·	0.25b	制图需要的辅助线
样条曲线	细	～	0.25b	不需要画全的断开界线、引出线
变更云线	中	☁	0.5b	被索引的图例范围,标注材料的范围,标注需要强调、变更或改动的区域

2. 线宽

图线的基本线宽b,宜按照图纸比例及图纸性质从1.4 mm、1.0 mm、0.7 mm、0.5 mm线宽系列中选取。每个图样应根据复杂程度与比例大小,先选定基本线宽b,再选用表1-3中相应的线宽组。图纸的图框线和标题栏线可采用表1-4的线宽来绘制。

表1-3 线宽组   mm

线宽	线宽组			
b	1.4	1.0	0.7	0.5
0.7b	1.0	0.7	0.5	0.35
0.5b	0.7	0.5	0.35	0.25
0.25b	0.35	0.25	0.18	0.13

注: 同一张图纸内,各不同线宽中的细线,可统一采用较细的线宽组的细线。

表1-4 图框线和标题栏线的宽度   mm

幅面代号	图框线	标题栏外框线、对中标志	标题栏分隔线、幅面线
A0、A1	b	0.5b	0.25b
A2、A3、A4	b	0.7b	0.35b

注: 同一张图纸内,相同比例的各图样应选用相同的线宽组。

3. 图线画法

图线绘制时要注意以下事项: 图线不得与文字、数字或符号重叠、混淆,不可避免时,应首先保证文字的清晰。虚线、单点长画线的线段长度和间隔宜各自相等。单点长画线当在较小图形中绘制有困难时，可用实线代替。单点长画线的两端不应采用点。点画线与点画线交接或点画线与其他图线交接时，应采用线段交接。虚线与虚线交接或虚线与其他图线交接时，应采用线段交接。虚线为实线的延长线时，不得与实线相接。各种图线画法如图1-7所示。

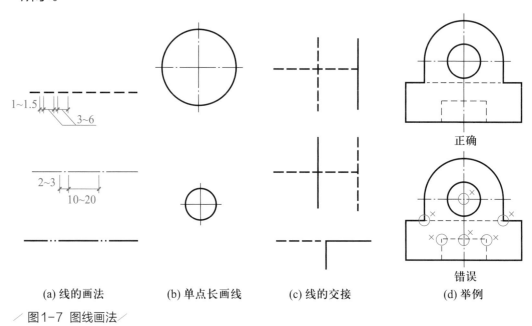

(a) 线的画法   (b) 单点长画线   (c) 线的交接   (d) 举例

图1-7 图线画法

三、字体

在建筑和装饰制图中除了绘制图线以外，还要正确标注文字、数字和符号等。文字书写应笔画清晰、字体端正、排列整齐，标点符号应清楚正确。尺规绘图时，图样及说明中的汉字宜采用清晰易辨的长仿宋体，文字的字高及字宽应从表1-5和表1-6中选用，字母及数字的字高不应小于2.5 mm。

表1-5 文字的字高   mm

字体种类	汉字	非汉字
字高	3.5、5、7、10、14、20	3、4、6、8、10、14、20

表1-6 长仿宋体字宽高关系   mm

字高	3.5	5	7	10	14	20
字宽	2.5	3.5	5	7	10	14

长仿宋体字的书写要领是：横平竖直、注意起落、结构匀称、填满方格。图1-8所示为长仿宋体汉字书写示例。

图1-9所示为字母、数字书写示例。

平 面 基 土 木　术 审 市 正 水　直 垂 四 非 里
柜 轴 孔 抹 粉　棚 械 缝 混 凝　砂 以 设 纵 沉

图1-8 长仿宋体汉字书写示例

ABCDEFGHIJKLMNOPQRSTUVWXYZ
Abcdefghijklmnopqrstuvwxyz
0123456789

图1-9 字母、数字书写示例

四、比例

由于图纸大小有限，不适宜将建筑按实体真实大小复制到图纸上，所以必须将实体按照一定的比例缩小后再绘制在图纸上。合适的比例才能保证图纸内容清晰、表达准确。

1. 比例的概念

图样的比例是图形与实物相对应的线性尺寸之比，它是线段之比而不是面积之比。比例符号为"："，比例用阿拉伯数字表示，例如1:100，表示图上1个长度单位为实际100个长度单位。

2. 比例的选用

比例的大与小是指比值的大与小。比值大于1的比例，称为放大的比例。比值小于1的比例，称为缩小的比例。在房屋建筑制图中常采用缩小的比例，建筑和装饰制图常用比例和可用比例见表1-7，应优先选用常用比例。

表1-7 建筑和装饰制图常用比例和可用比例

常用比例	1:1, 1:2, 1:5, 1:10, 1:20, 1:50, 1:100, 1:200, 1:500, 1:1000等
可用比例	1:3, 1:15, 1:25, 1:30, 1:40, 1:60, 1:150, 1:250, 1:300, 1:400, 1:600等

3. 比例标注方法

同一套图纸中的图样可选用不同比例。比例宜注写在图名的右侧，字的基准线应取平，比例的字高宜比图名的字高小一号或二号，如图1-10所示。

平面图 1:100　　　　　⑦ 1:25

图1-10 图名与比例

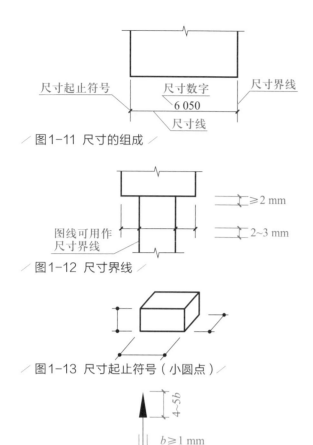

图1-11 尺寸的组成

图1-12 尺寸界线

图1-13 尺寸起止符号（小圆点）

图1-14 尺寸起止符号（箭头）

图1-15 尺寸数字的注写方向

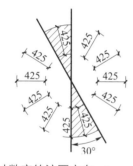

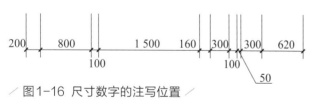

图1-16 尺寸数字的注写位置

五、尺寸标注

在建筑制图中，图形只能表达空间的形状，各部分的大小需要通过尺寸标注来说明，因此尺寸标注也是一项十分重要的工作，必须认真仔细、准确无误。尺寸标注应清晰，不应与图线、文字及符号等相交或重叠。图样上的尺寸标注应包括尺寸线、尺寸界线、尺寸起止符号和尺寸数字，如图1-11所示。

1. 尺寸线

尺寸线用细实线绘制，与被注长度平行，两端宜以尺寸界线为边界，也可超出尺寸界线2~3 mm。图样本身的任何图线均不得用作尺寸线。

2. 尺寸界线

尺寸界线（图1-12）用细实线绘制，与被注长度垂直，其中一端应离开图样轮廓线不小于2 mm，另一端宜超出尺寸线2~3 mm。图样轮廓线可用作尺寸界线。

3. 尺寸起止符号

尺寸起止符号用中实线斜短线绘制，其倾斜方向应与尺寸界线成顺时针45°角，长度宜为2~3 mm。轴测图中的尺寸起止符号用小圆点绘制，小圆点直径1 mm，如图1-13所示。半径、直径、角度与弧长的尺寸起止符号用箭头表示，箭头的画法如图1-14所示。

4. 尺寸数字

图样上的尺寸应以尺寸数字为准，不应从图上直接量取。除标高及总平面以米为单位外，其他尺寸必须以毫米为单位。尺寸数字的方向应按图1-15的规定注写。尺寸数字应依据其方向注写在靠近尺寸线的上方中部，如没有足够的注写位置，最外边的尺寸数字可注写在尺寸界线的外侧，中间相邻的尺寸数字可上下错开注写，可用引出线表示标注尺寸的位置，如图1-16所示。

1.2 尺规绘图工具和用品

学习目标　·了解常用的尺规绘图工具和用品；
·掌握规范使用尺规绘图工具和用品的方法。

丁字尺的使
用方法

俗话说："工欲善其事，必先利其器。"在进行建筑制图学习前，需要掌握常用的一些绘图工具和用品。只有熟练地掌握了工具和用品的正确使用方法，才能事半功倍地完成尺规绘图。表1-8中列出了常用的绘图工具和用品。

表1-8 常用的绘图工具和用品

名称	图例	简介
图板		用于安放图纸并配合一字尺、丁字尺、三角板等进行作图。常用规格有1号图板（600 mm×900 mm）、2号图板（450 mm×600 mm）
一字尺		用于画水平线，用两端的滑轮和细绳固定在图板上，一般有600 mm、900 mm、1 200 mm三种规格
丁字尺		用于画水平线，尺头紧贴图板左边缘上下移动使用。和三角板配合可画铅垂线和多种角度斜线
三角板		三角板都是成对的，常用的规格有250 mm、300 mm
比例尺		用于放大或缩小图形。常用的三棱比例尺外形呈三棱柱体，上有六种不同比例。使用比例尺上的某一比例绘图时可以不用计算，直接按尺面上标注的数值即可
绘图纸		固定在图板上用于绘制图样的纸张。常见的幅面有A0、A1、A2、A3、A4，适于用铅笔、墨线笔等绘图

名称	图例	简介
硫酸纸		用于复制图样的纸张，要求透明度好、表面平整挺括，适于用墨线笔、绘图笔等绘图
墨线笔		用于在图纸上画墨线，分为可一次性使用的和加墨水使用的两种
铅笔		用于绘制草图，常用型号有H、B、HB、2B。H用于画底稿；HB、B、2B用于加深图线；HB用于注写文字及加深图线等。 铅笔有不同的削法，削成尖锥形用于画底稿和注写文字等，削成楔形用于加深图线 铅笔的使用
橡皮		用于修改图面，擦除铅笔痕迹
圆规、分规		圆规用于画圆及圆弧，分规用于量取长度、等分线段等。推荐使用多用圆规，可装铅笔芯、墨线笔、钢针等
曲线板		也叫云尺、云形尺，用于绘制非圆曲线。绘图时，曲线板主要用于连接同一弧线上的已知点，先要对好已知点，然后用曲线板去试，找到与全部已知点相吻合的弧线时，依次画出就可以了
制图模板		目前有很多专业型的模板，如建筑模板、装饰模板、结构模板、轴测图模板、数字模板等
擦图片		又称擦线板，是用于擦去铅笔制图过程不需要的底线或错误图线，并保护邻近图线完整的一种制图辅助工具，如同名片大小，厚度大约0.3 mm

绘图还需要胶带、图钉、小刀、排笔等，用于辅助作图。此外，常用三角板与丁字尺或一字尺配合画铅垂线和多种角度斜线，两个三角板配合还可以画任意直线的平行线或垂直线，如图1-17～图1-19所示。

丁字尺画水平线和铅垂线

丁字尺画斜线

作已知直线的平行线

作已知直线的垂直线

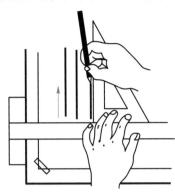

图1-17 三角板配合丁字尺画铅垂线

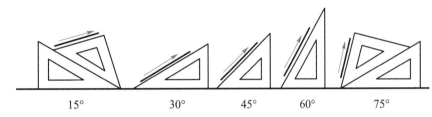

15°　　30°　　45°　　60°　　75°

图1-18 三角板配合丁字尺或一字尺画斜线

画平行线　　　　　画垂直线

图1-19 两个三角板配合画平行线或垂直线

1.3 绘图方法与步骤

学习目标　·了解基本的绘图步骤；
　　　　　　·掌握图纸及工具的固定方法。

在前两节学习了绘图的基本知识，下面通过绘制基本线型练习来学习绘图的方法和步骤，如图1-20所示。

线型说明：

图1-20可以分为三部分。

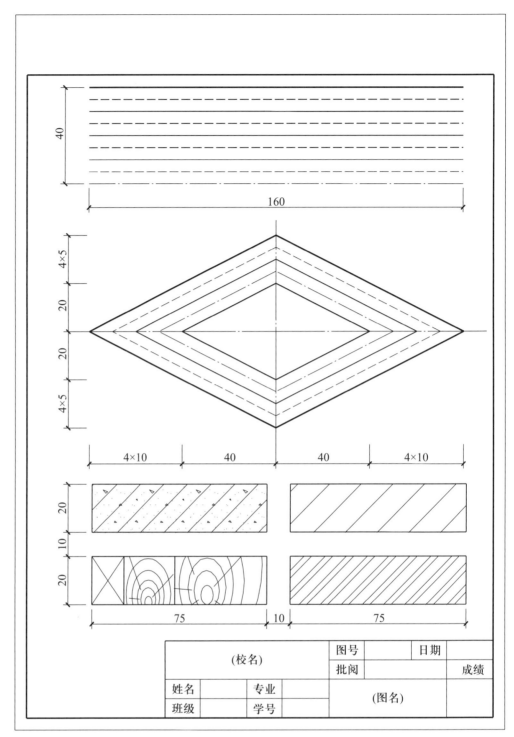

図1-20 线型练习

　　上部图形由水平线组成，从上向下依次为：粗实线、中粗虚线、中粗实线、中粗虚线、中实线、中虚线、细实线、细虚线、细单点长画线。

　　中部图形由斜线组成，从外向内依次为：粗实线、细虚线、中粗实线、细单点长画线、中实线。

　　下部图形包括四个图例，轮廓线为中实线，图例填充线为细实线。

一、准备工作

1. 准备绘图工具、用品

把图板、丁字尺（或一字尺）、三角板、比例尺等擦洗干净，把绘图工具、用品放在桌子的右边，但不能影响丁字尺（或一字尺）的上下移动（图1-21）。

2. 固定图纸

选好合适尺寸的图纸，将图纸用胶带固定在图板的适当位置，一般较小的图纸固定在图板左下方绘制比较方便。此时必须使图纸的上下两边与丁字尺或一字尺的上边缘平行，如图1-22所示。

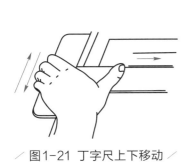

图1-21 丁字尺上下移动

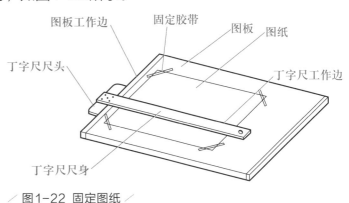

图1-22 固定图纸

二、画底稿

画底稿时可以使用H、2H铅笔，笔迹要尽量轻，方便修改，也更利于保证图面的整洁。

1. 绘制幅面线、图框线、标题栏

根据制图标准的要求，首先把幅面线、图框线和标题栏绘制好。本图纸为A4立式幅面，幅面线、图框线和标题栏的绘制可参考图1-23。

2. 选好比例，安排各图样位置

依据所画图形的大小、多少及复杂程度选择好比例，然后安排各个图形的位置，定好图形的中心线，图面布置要适中、匀称。根据对图1-20的分析，使用1∶1的比例，上面直线图形、中间斜线图形、下面一组图例图形之间距离20 mm左右（不包括尺寸标注）。

3. 画图形轮廓线

按照每组图形的总尺寸先画出各组图形的主要轮廓线，每组图线之间要根据是否标注尺寸留不同的间距。具体数据可参考图1-24的尺寸标注自行设计，图纸上的图形布置要疏密有致，图形和尺寸标注清晰完整。

4. 画细部及尺寸标注

在图形的轮廓线内部，由上到下，由外到内，依次画出不同的线型草图，不分粗细全用细线，便于修改。然后画出下面一组图形的填充图例等细节，

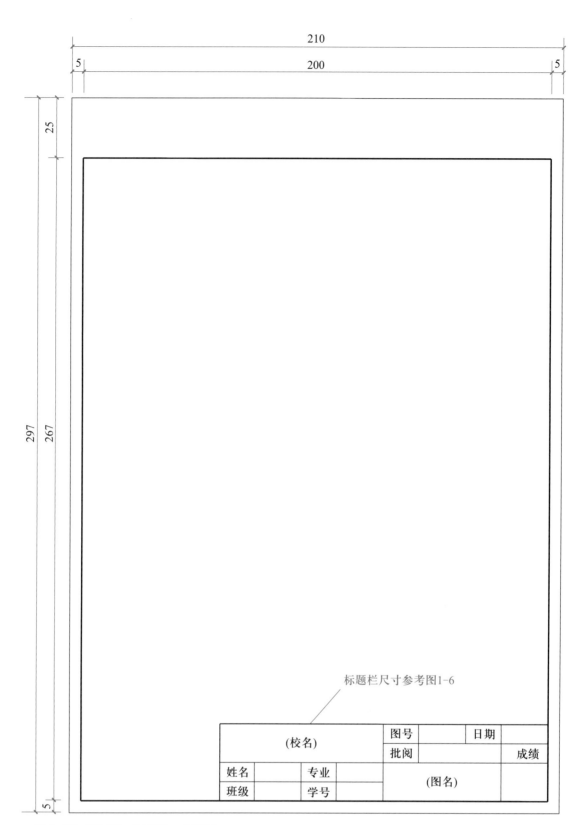

210
200
5
5
25
297
267
5

标题栏尺寸参考图1-6

(校名)		图号		日期	
		批阅			成绩
姓名		专业		(图名)	
班级		学号			

图1-23 幅面线、图框线、标题栏

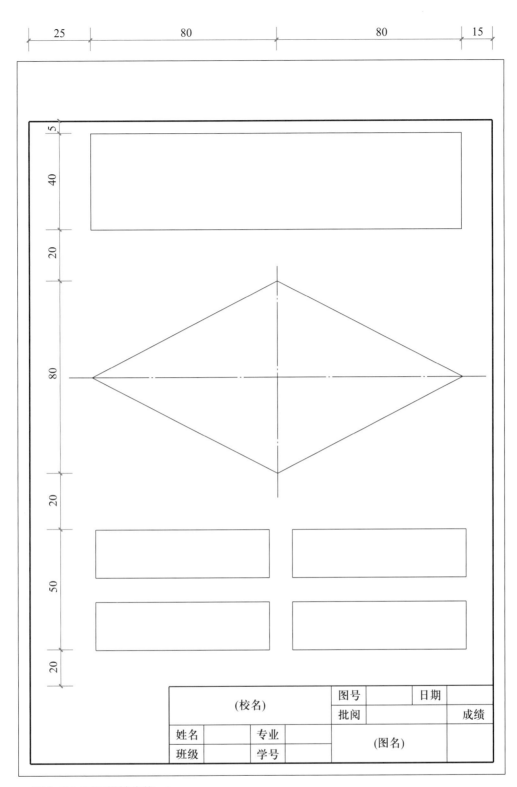

		图号		日期	
(校名)		批阅			成绩
姓名		专业		(图名)	
班级		学号			

图1-24 画图样轮廓线

及所有尺寸线、尺寸界线、尺寸起止符号、尺寸数字等详细内容。最后检查修正底稿，改正错误，补全遗漏，擦去多余线条，如图1-25所示。

三、分线型加深

加深图线时，一般按照粗、中粗、中、细的线型分别选用2B、B、HB、H的铅笔或相应型号的绘图笔（如0.8、0.5、0.3、0.1）依次加深。在运笔过程中要用力均匀，使用铅笔绘制时要不时转动铅笔，保证线条粗细一致。

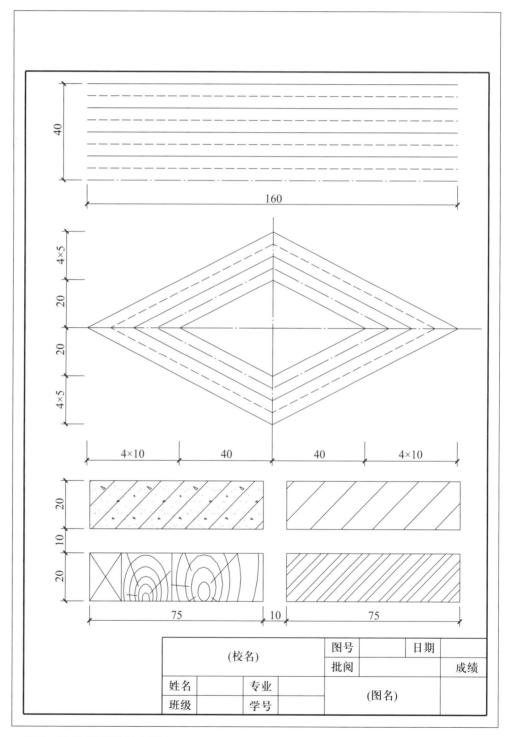

图1-25 画细部及尺寸标注

1. 加深图样

同类图线要保持粗细、深浅一致，按照水平线从上到下、铅垂线从左到右的顺序一次完成。先加深曲线，再加深直线，最后加深斜线。各类线型的加深顺序为先细后粗。图1-20中，第一组线型从上向下依次为粗实线、中粗虚线、中粗实线、中粗虚线、中实线、中虚线、细实线、细虚线、细单点长画线；第二组棱形造型的线型从外向内依次为粗实线、细虚线、中粗实线、细单点长画线、中实线。

2. 加深尺寸起止符号、写文字

加深尺寸起止符号为中实线，写图名、比例、文字说明，填写标题栏等。

3. 加深图框线

最后加深图框线（粗实线）及标题栏的左边线和上边线（中粗实线），留在最后加深可以更好地保证图面的整洁。最后全面检查有无遗漏和错误，完成后的图纸如图1-20所示。

1.4 手绘线条图

学习目标
· 了解手绘线条图的表现方法和特点；
· 掌握手绘线条的画法。

作为建筑装饰专业的技术人员，手绘是表达设计理念、施工做法最直接的"视觉语言"，其重要性一直得到大家的认同。手绘仅使用铅笔、钢笔等，不使用尺规等其他绘图工具，是一种不受条件限制的作图方式，作图更便捷、迅速，容易更改。但手绘的练习不是一朝一夕的事，只有经过大量练习，才能把线条的美感表现出来，如图1-26所示。

一、线条画法

手绘线条包括直线、曲线、弧线、抖线、斜线、圆、椭圆、波浪线等。手绘线条中每一种线条都

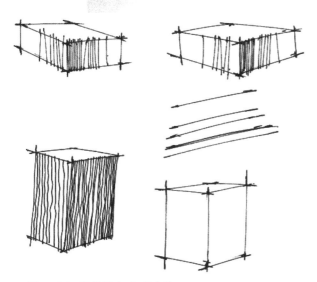

图1-26 手绘线条表现立体

具有不同的个性，每一个笔触都给人不同的心理感受。初学者往往怕画不直，心理和手上都会紧张，其实手绘所要求的"直"只是大体感觉上的"直"，仔细看细部还是有小弯曲的，这并不影响手绘线条给人的美感。

练习画线时要注意执笔方法，不同线条的运笔方法各有不同。画长线时手臂运笔，手指与手腕保持不动，围绕肘支点运动；画短线时手腕运笔，将笔尖所画区域暴露于视线中，从而精准地控制线条的长短与间距。

二、手绘练习方法

1. 画线基本功

画线是手绘的基本功，前期一定要进行线条练习。线条练习要注意以下方面：手部要放松，画线时不可太用力；画线要有起有落，线条忌飘。从短线练起，慢慢加长。画线的原则：宁断勿连、宁曲勿直，如图1-27所示。

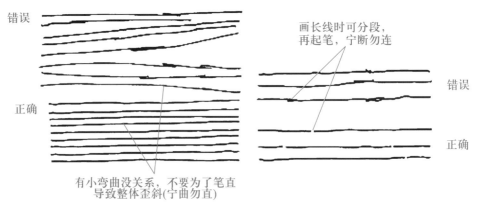

／ 图1-27 直线画法 ／

2. 临摹

刚开始训练时可以将优秀的图打印出来（A3或A4），把硫酸纸或拷贝纸覆在上面，用黑色中性笔准确画出图片上的空间结构和物体，要求线条细致、准确、完整，不添加和减少任何物体，不改变物体位置，画面干净、整洁。

3. 画立体

对于建筑装饰专业的学生来说，画物体的立体草图是将来学习投影的重要辅助方法。如图1-28a所示的立体，通过观察分析，物体的形状可以看成是由两个长方体叠加而成的。画徒手立体图的时候可以先画出下面的长方体，使其高度方向与水平线垂直，长度和宽度方向与水平线大约成30°角，定出长、宽、高。然后在顶面上再画另一个长方体。如图1-28b所示的立体，可以看成是从一个长方体上切去了几部分。先徒手画出一个以棱台的下底为底、棱台的高为高的长方体，然后在其顶面画出棱台的顶面，并将上下四个角连接起来。

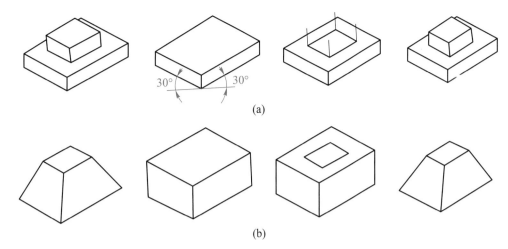

(a)

(b)

图1-28 徒手画立体

知 识
链 接

《房屋建筑制图统一标准》GB/T
50001

根据住房和城乡建设部《关于印发2015年工程建设标准规范制订、修订计划的通知》（建标〔2014〕189号文）的要求，标准编制组经广泛调查研究，认真总结实践经验，参考有关国际标准和国外先进标准，并在广泛征求意见的基础上，修订了《房屋建筑制图统一标准》。

本标准的主要技术内容包括：总则、术语、图纸幅面规格与图纸编排顺序、图线、字体、比例、符号、定位轴线、常用建筑材料图例、图样画法、尺寸标注、计算机辅助制图文件、计算机辅助制图文件图层、计算机辅助制图规则、协同设计等。

本标准为国家标准，最新版本的编号为GB/T 50001—2017，自2018年5月1日起实施。原国家标准《房屋建筑制图统一标准》GB/T 50001—2010同时废止。在制图过程中，应严格遵循此标准的相关规定。

单元小结

本单元主要介绍了建筑和装饰制图标准中对图纸幅面、图线、文字、比例、尺寸标注等的基本规定；尺规绘图的常用工具和用品；制图的方法与步骤。

对于初学者来说，学习和掌握建筑制图的统一规定，掌握正确的绘图步骤，能正确使用绘图工具和用品是基础，练习手绘线条图和写仿宋体字也是必不可少的基本技能，要日积月累才能有所建树。

投影

基本知识

投影跟我们日常生活中的影子有相似之处。用一组光线将物体投射到一个平面上，在该平面上得到的图形称为"投影或投影图"。在工程上一般使用的图样常采用正投影法绘制。

本单元主要介绍投影的概念、原理及分类，三面投影体系的形成，三面投影的画法和投影关系。

投影概述

在光线的照射下，人和物体都会在地面或墙面上产生影子，这早已为我们所熟知，如图2-1所示。经过长期的实践，人们将这种现象加以抽象、分析和科学总结，从中找出影子和物体之间的关系用以指导工程实践。这种用光线照射物体，向预先设置的平面上投射产生图形的方法，称为投影法，如图2-2所示。

一、投影体系

投影的产生必须具备以下条件：投射线、形体、投影面。它们称为投影的三要素。

光源是投影中心，产生的光线称为投射线，落影的平面（如地面、墙面等）称为投影面，影子的轮廓称为投影。投影中心、投射线、形体、投影面以及它们所在的空间称为投影体系，如图2-3所示。在这个投影体系中，假设投射线可以穿透物体，使得所产生的"影子"不像真实的影子那样漆黑一片，而能在"影子"范围内画出物体的轮廓线。

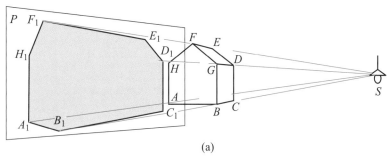

(a)

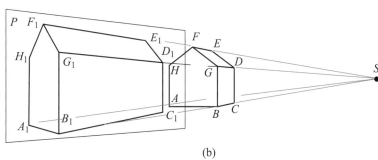

(b)

图2-1 生活中的影子

图2-2 投影法

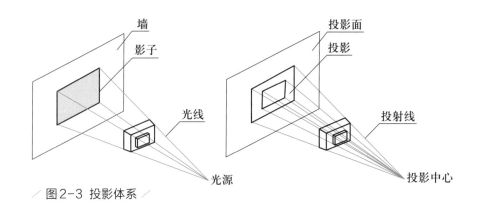

图2-3 投影体系

二、投影法和投影的分类

根据光源所产生的投射线是从一个中心发出的还是平行的，投影法分为中心投影法和平行投影法。中心投影法的投射线是从一个中心发出的，形成的投影称为透视投影或透视图。平行投影法的投射线是平行的。平行投影法又分为正投影法和斜投影法。正投影法是平行的投射线垂直于投影面投射，形成的投影称为正投影或正投影图，斜投影法是平行的投射线倾斜于投影面投射，形成的投影称为斜投影或斜投影图。根据投影面的数量，投影又分为单面投影和多面投影。透视投影或透视图、轴测投影或轴测图属于单面投影。投影的分类见表2-1。

表2-1 投影的分类

投影法		投影体系	投影		特点
中心投影法			透视投影或透视图		投射线汇交于一点，呈放射状向单一投影面投射。直观性强，符合视觉习惯，但作图较难，不能全面准确反映空间物体的形状和尺寸
平行投影法	正投影法		正投影或正投影图	多面正投影或多面正投影图	投射线相互平行，分别向多个投影面投射，投射线垂直于投影面，物体的主要表面平行于投影面。具有作图简单、度量方便的特点，被工程制图广泛应用，但直观性较差，识读较难
				正轴测投影或正轴测图	投射线相互平行，向单一投影面投射，投射线垂直于投影面，物体的主要表面倾斜于投影面。直观性较好，但视觉效果没有透视图逼真
	斜投影法		斜投影或斜投影图	斜轴测投影或斜轴测图	投射线相互平行，向单一投影面投射，投射线倾斜于投影面，物体的主要表面平行于投影面。直观性较好，但视觉效果没有中心投影法逼真

三面投影体系

· 了解三面投影体系；
· 掌握三面投影的画法和投影关系。

　　《房屋建筑制图统一标准》（GB/T 50001—2017）里规定：房屋建筑的视图应按正投影法并用第一角画法绘制。将物体置于第一分角空间，使其处于观察者与投影面之间而得到多面正投影，如图2-4a所示。各正投影（视图）的命名如图2-4b所示，自前方 A 投射为正立面图，自上方 B 投射为平面图，自左方 C 投射为左侧立面图，自右方 D 投射为右侧立面图，自下方 E 投射为底面图，自后方 F 投射为背立面图。

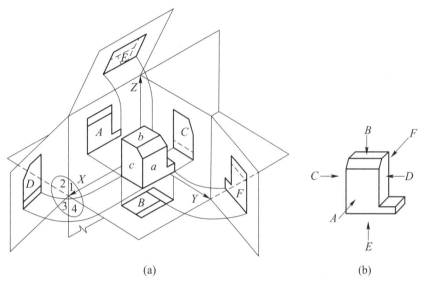

(a)　　　　　　　　　　　　(b)

／图2-4　第一角画法／

　　当视图用第一角画法绘制不易表达时，可用镜像投影法绘制，如图2-5所示。镜像投影法属于正投影法，镜像投影是物体在镜面中的反射图形的正投影。该镜面平行于相应的投影面。建筑装饰制图中的顶棚平面图应采用镜像投影法绘制。

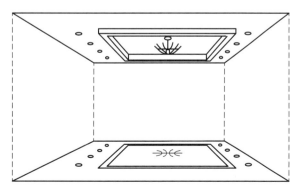

／图2-5　镜像投影法／

一、三面投影体系

正投影具有作图简单、度量方便的特点，在工程制图中应用最广泛。为了简便，本书后面提到的投影，如无特殊说明，均指正投影。正投影的缺点是直观性较差，识读较难，并且一个或者两个投影有时候不能确定物体的空间形状，如图2-6所示，空间三个不同形状的物体在两个投影面上的投影是完全相同的，因此必须采用三个相互垂直的平面作为投影面构成三面投影体系，才能保证表达的空间物体的唯一性。

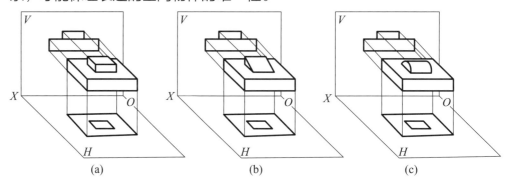

图2-6 不同物体具有相同的两面投影

1. 三面投影的形成

三面投影体系如图2-7所示，我们把水平投影面简称"H面"，正立投影面简称"V面"，侧立投影面简称"W面"。三个投影面两两相交，交线分别是水平向左的"OX轴"、水平向前的"OY轴"、垂直向上的"OZ轴"，三条轴相交在原点"O"点。

将物体置于H面之上，V面之前，W面之左的第一分角空间，按箭头所指的投射方向分别向三个投影面作投影，如图2-8所示。由上往下在H面上得到的投影称为水平投影或平面图；由前往后在V面上得到的投影称为正立面投影或正立面图；由左往右在W面上得到的投影称为侧立面投影或侧立面图。

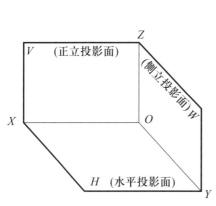

图2-7 三面投影体系

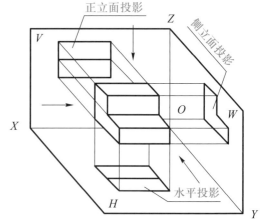

图2-8 三面投影

2. 投影面的展开

为了把互相垂直的三个投影面上的投影画在一张二维图纸上，我们必须将投影面展开。为此，假设 V 面不动，H 面沿 OX 轴向下旋转90°，W 面沿 OZ 轴向后旋转90°，使三个投影面处于同一个平面内，如图2-9a所示。需要注意的是，这时 Y 轴分为两条，一条随 H 面旋转到 OZ 轴的正下方，用 Y_H 表示；一条随 W 面旋转到 OX 轴的正右方，用 Y_W 表示。在初学投影作图时，最好将投影轴保留，并用细实线画出，如图2-9b所示。

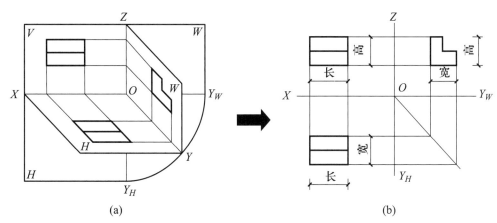

(a)   (b)

图2-9 三面投影体系展开

3. 三面投影的投影关系

在三面投影中，物体的 OX 轴方向尺寸称为长度，OY 轴方向尺寸称为宽度，OZ 轴方向尺寸称为高度，如图2-10所示。水平投影和正立面投影在 OX 轴方向都反映物体的长度，它们的投影左右应对正，即"长对正"；正立面投影和侧立面投影在 OZ 轴方向都反映物体的高度，它们的投影上下应对齐，即"高平齐"；水平投影和侧立面投影在 OY 轴方向都反映物体的宽度，这两个投影宽度一定相等，即"宽相等"。

"长对正、高平齐、宽相等"称为"三等关系"，它是物体的三面投影之间最基本的投影关系，是画图和读图的基础。

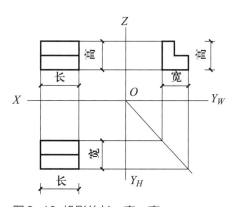

图2-10 投影的长、宽、高

4. 三面投影的方位关系

物体在三面投影体系中的位置确定后，相对于观察者，它在空间就有上、下、左、右、前、后六个方位，如图2-11所示。这六个方位关系也反映在物体的三面正投影中，每个投影都反映其中四个方位，即：水平投影反映物体的左右和前后；正立面投影反映物体的左右和上下；侧立面投影反映物体的前后和上下。物体的方位从空间到平面的转换，需要学习者用心体会，掌握了其中的规律对于绘图和识读都非常重要。

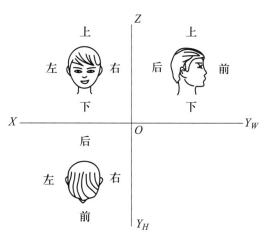

图2-11 投影的六个方位

二、三面投影的画法

下面以图2-12所示的长方体为例学习三面投影的画法。长方体的正面确定之后，其左右两个侧面之间的垂直距离称为长度；前后两个侧面之间的垂直距离称为宽度；上下两个平面之间的垂直距离称为高度。把这个长方体放到三面投影体系中，然后按从前向后、从左向右、从上向下的投射方向分别向三个投影面作投影。

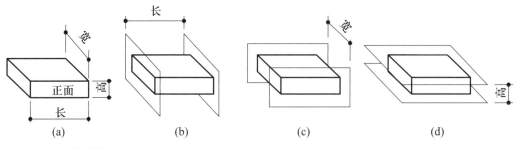

图2-12 物体的长、宽、高

1. 画投影轴

先画出水平和垂直十字相交线表示投影轴，如图2-13a所示。

2. 绘制正立面投影、水平投影

根据长方体的长度和高度绘制正立面投影，然后依据"长对正"从正立面投影向下作垂线确定水平投影的长度，根据长方体的宽度绘制水平投影，如图2-13b所示。

3. 利用投影关系绘制其他投影

利用正立面投影和侧立面投影的"高平齐"关系绘制水平的投影连线，确定侧立面投影的高度，再利用水平投影和侧立面投影的"宽相等"关系，从投影轴的交点作一条向右下斜的45°线，然后在水平投影上向右引水平线，与45°线相交后再向上引铅垂线，把水平投影中的宽度反映到侧立面投影中去，如图2-13c所示。

4. 分线型加深

把三面投影的轮廓线加深成粗实线，其他的投影轴、投影连线均为细实线，即完成了长方体的三面投影的绘制，如图2-13d所示。

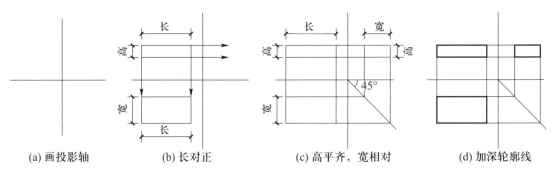

(a) 画投影轴　　　(b) 长对正　　　(c) 高平齐，宽相对　　　(d) 加深轮廓线

图2-13 三面投影的画法

知 识 链 接

蒙日——画法几何之父

三面投影的基础是画法几何。

画法几何着眼于几何，以三维空间的几何性质为研究对象，采用投影面为参照坐标系，利用投影法用二维几何图形表达三维空间形象。

中国北宋李诫著的《营造法式》中的建筑图样中就含有画法几何思想的萌芽，只是在当时还未形成画法几何的理论体系。真正的画法几何是由法国的加斯帕尔·蒙日（图2-14，Gaspard Monge，1746—1818）创立的，到现在已经有两百多年的历史了。

图2-14 加斯帕尔·蒙日

单元小结

本单元主要介绍了投影的概念、原理及分类，三面投影体系的形成及三面投影的画法和投影关系。

三面投影在建筑和装饰制图中应用最广泛，它是物体在三个互相垂直的投影面上的投影，能准确表达物体的形状。下面的单元3就将学习三面投影的相关知识和绘制方法。

边学
边练

三面投影

由于三面投影具有图示方法简便，能真实反映物体的形状和大小，容易度量等特点，所以它成为建筑工程领域中最广泛应用的图样形式。

前面我们已经学习了三面投影体系以及三面投影的形成，本单元我们一起来看看从点、线、面到基本体和组合体的投影画法。

点、直线、平面
的投影

学习目标　·了解点的投影规律；
·理解和掌握直线、平面的投影特性：显实性、积聚性、类似性。

　　任何形体都是由点、线、面组成的。要正确表达和识读形体的投影就要先了解点、直线和平面投影的基本性质，这有助于我们更好地理解投影的规律，正确掌握绘制形体投影的基本方法。

点的投影

一、点的投影规律
1. 点的投影仍然是点
　　制图中规定空间的点用大写字母表示，点的投影用相应的小写字母表示。如图3-1中的点A，水平投影面上的投影用同名的小写字母 a 表示，正立投影面上的投影用同名的小写字母 a' 表示，侧立投影面上的投影用同名的小写字母 a'' 表示。

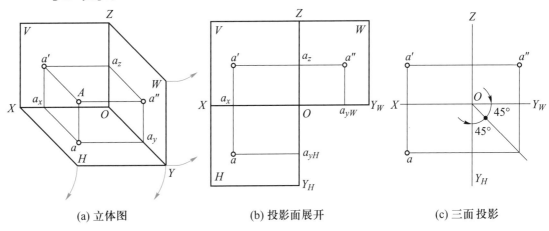

| (a) 立体图 | (b) 投影面展开 | (c) 三面投影 |

图3-1　点的投影

重影点

2. 点的重影性及可见性
　　两个或两个以上的空间点位于同一投射线上的投影必定重影，这种性质称为重影性。制图中规定重影中不可见的点加括号表示，如图3-2a中的A点和B点是相对于水平投影面的重影点，A点在B点的上方，A点可见，B点不可见，B点的水平投影用"(b)"表示。图3-2b中C点、D点的正立面投影 c'、d' 及图3-2c中E点、F点的侧立面投影 e''、f'' 的重影性及可见性请看图自行分析。

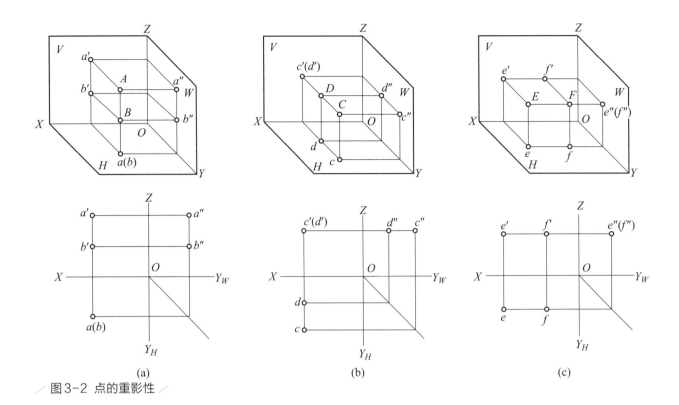

(a)   (b)   (c)

图 3-2 点的重影性

3. 点的相对位置

点的相对位置就是两个点的上下、左右、前后的位置关系。立体图中的位置关系很好判断，但在三面投影中就要分别来分析：由正立面投影可以判断出上下和左右的位置关系；由水平投影可以判断出左右和前后的位置关系；由侧立面投影可以判断出前后和上下的位置关系。所以，完整的上下、左右、前后的位置关系至少要通过两个投影才能确定。如图 3-3 所示，我们来判断一下 A 点和 B 点的相对位置。从图 3-3a 所示直观图可以很清楚地看出 A 点位于 B 点的左、下、前方。如果只通过图 3-3b 所示的三面投影来判断，就需要一组投影一组投影来分析：从正立面投影可以看出，A 点在左、B 点在右，A 点在下、B 点在上；从水平投影可以看出，A 点在左、B 点在右，A 点在前、B 点在后；从侧立面投影可以看出，A 点在下、B 点在上，A 点在前、B 点在后。综合起来看，A 点在 B 点的左、前、下方，或 B 点在 A 点的右、后、上方。

如果两个点是相对于水平投影面、正立投影面、侧立投影面的重影点，那么一个点就位于另一个点的正上（下）、正前（后）、正左（右）方。

二、直线、平面的投影特性

直线或平面相对于投影面有三种位置关系：平行、垂直、倾斜。它们的投影相应的也有三种特性：显实性、积聚性、类似性。我们列表 3-1 进行比较学习。

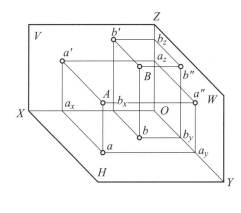
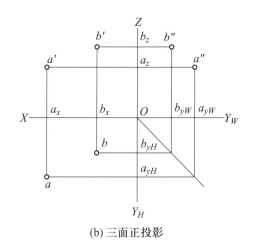

(a) 直观图   (b) 三面正投影

图3-3 点的相对位置

表3-1 直线、平面的投影特性

	关系	图片	投影特性	总结
平行	直线平行于投影面		当空间直线平行于投影面时，其投影反映实长（等长）	平行显实形（显实性）
	平面平行于投影面		当空间平面平行于投影面时，其投影反映实形（等大）	
垂直	直线垂直于投影面		垂直于投影面的空间直线，在该投影面上的投影积聚成一点（线变点）	垂直变形态（积聚性）
	平面垂直于投影面		垂直于投影面的空间平面，在该投影面上的投影积聚成一直线（面变线）	

051

关系		图片	投影特性	总结
倾斜	直线倾斜于投影面	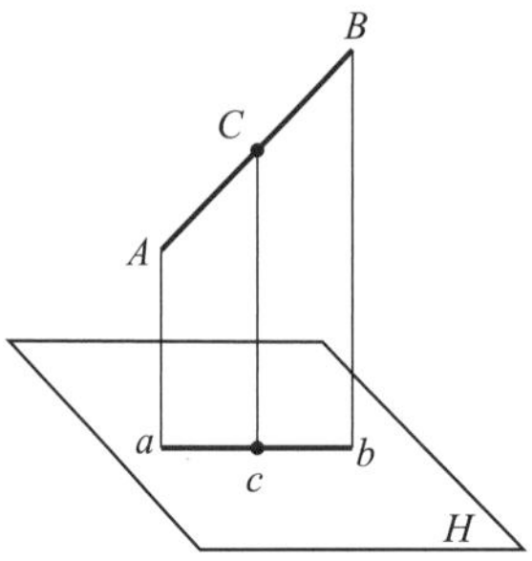 $ab\neq AB$	倾斜于投影面的空间直线，其投影小于其实长，直线仍为直线，但长度变短	倾斜形变小（类似性）
	平面倾斜于投影面	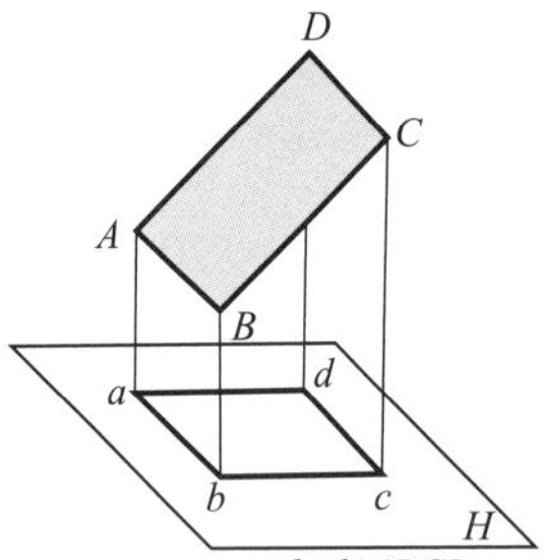 $abcd\neq ABCD$	倾斜于投影面的空间平面，其投影小于其实形，平面仍为平面，但面积变小	

3.2 基本体的投影

学习目标
· 了解基本体及其分类；
· 掌握基本体的投影特征；
· 掌握绘制基本体投影的方法。

　　在建筑和装饰工程中，我们会接触到各种形状的建筑物和装饰构件，这些建筑物及构件的形状虽然复杂多样，但一般都是由一些简单的几何体经过叠加、切割等形式组合而成的，如图3-4所示。

　　简单的几何体称为基本几何体，简称基本体（图3-5）。基本体是组成各种形体的基础，按照表面性质的不同分为平面体和曲面体。我们把表面全部由平面围成的几何体称为平面体，常见的平面体有棱柱、棱锥和棱台。表面由曲面与平面或全部由曲面围成的几何体称为曲面体，例如圆柱、圆锥、圆台、球等。

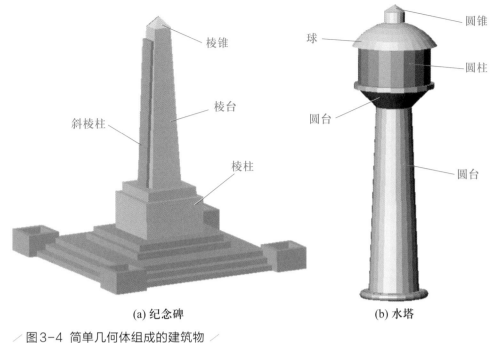

(a) 纪念碑　　　　　　　　(b) 水塔

图3-4 简单几何体组成的建筑物

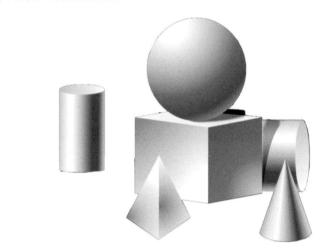

图3-5 基本体

一、平面体的投影

我们通过表3-2来比较常见平面体的外形特征及投影特征。

表3-2 常见平面体的外形特征及投影特征

	棱柱	棱锥	棱台
常见类型	三棱柱　五棱柱　六棱柱	三棱锥　四棱锥　五棱锥	三棱台　四棱台　五棱台

	棱柱	棱锥	棱台
各部分名称			
外形特征	有两个平行且相同的多边形底面，侧棱相互平行且垂直于底面，而且各个侧面均为矩形	有一个多边形的底面，侧棱汇交于一点，称为锥顶，各个侧面均为三角形	有两个平行且相似的多边形底面，各个侧面均为梯形。可以看成是棱锥被平行于底面的平面截去锥顶而形成的立体
常见构件			
示例	六棱柱 	三棱锥 	四棱台
投影			
投影特征	矩矩为柱： 　两个投影是长方形的外轮廓，另外一个投影为多边形，多边形是几边形就是几棱柱	三三为锥： 　两个投影是三角形的外轮廓；另外一个投影为多边形，多边形是几边形就是几棱锥	梯梯为台： 　两个投影是梯形的外轮廓，另外一个投影为双多边形，多边形是几边形就是几棱台

我们掌握了棱柱、棱锥和棱台的投影特征后，通过几个具体的例子来学习平面体的投影画法。

1. 棱柱

棱柱是平面体中最简单的一种，一些常见的物体或建筑构件，例如三棱镜、方砖、柱、台阶等，都是棱柱。将不同的棱柱置于三面投影体系中，其三面投影如图3-6所示。

从图3-6中不难总结出棱柱的投影特征：反映底面实形的投影为多边形；另两个投影均为矩形外轮廓。也可以总结为"矩矩为柱"：两个投影是长方形的外轮廓，另外一个投影为多边形，多边形是几边形就是几棱柱。

下面根据立体图绘制五棱柱的三面投影，图3-7所示的立体可以看成左右横向放置的五棱柱，我们把它放置到三面投影体系中，根据五棱柱的尺寸，绘制出它的三面投影。

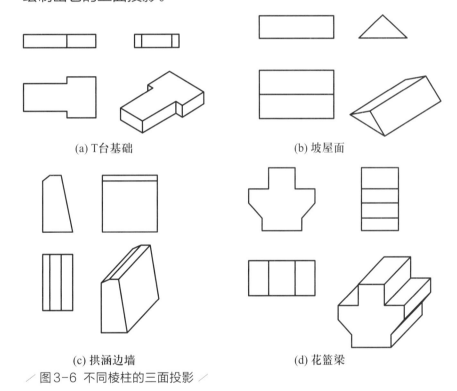

(a) T台基础　　　　　　　　　　　　(b) 坡屋面

(c) 拱涵边墙　　　　　　　　　　　　(d) 花篮梁

图3-6 不同棱柱的三面投影

先从侧立面投影开始，根据各边尺寸画出五棱柱的底面实形（图3-8a），然后根据"高平齐"画出五棱柱正立面投影的矩形外轮廓及中间的棱线（图3-8b），再通过"宽相等"和"长对正"画出五棱柱水平投影的矩形外轮廓及中间的棱线（图3-8c），最后标注局部尺寸和总尺寸，轮廓线加深成粗实线，五棱柱的三面投影就完成了（图3-8d）。

2. 棱锥

棱锥是由一个多边形和若干个同一顶点的三角形围成的平面体。生活中所见的帐篷、砖塔等都给我们以"顶尖底平带棱"的锥体印象，金字塔及一些建筑造型就是典型的棱锥。

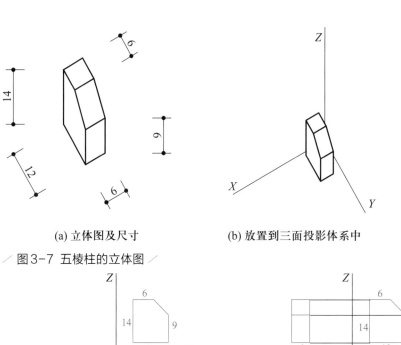

(a) 立体图及尺寸　　　(b) 放置到三面投影体系中

图3-7 五棱柱的立体图

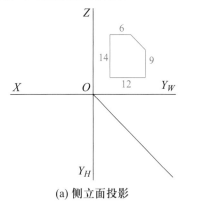

(a) 侧立面投影

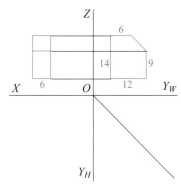

(b) 根据"高平齐"画正立面投影

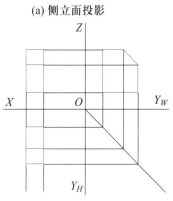

(c) 根据"宽相等"和"长对正"画水平投影

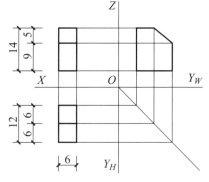

(d) 三面投影及尺寸标注

图3-8 五棱柱三面投影的绘制步骤

棱锥的投影特征为"三三为锥"：两个投影是三角形的外轮廓，另外一个投影为多边形，多边形是几边形就是几棱锥。

图3-9所示为四棱锥的立体图。这个四棱锥是一个左右、前后都分别对称的立体。根据四棱锥立体图来画四棱锥的三面投影，正立面投影、侧立面投影的三角形是关于对称轴左右或前后对称的，水平投影的四边形也是关于对称轴对称的。可以先从正立面投影画起，再画侧立面投影和水平投影，完成后的三面投影如图3-10所示。

3. 棱台

棱台可以看成是棱锥被平行于底面的平面截去锥顶而形成的平面体，如图3-11所示。截面也称为棱台的上底面，原来棱锥的底面称为下底面。

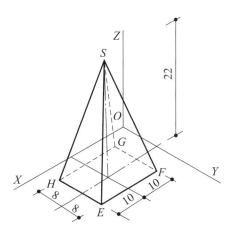

图3-9 四棱锥的立体图

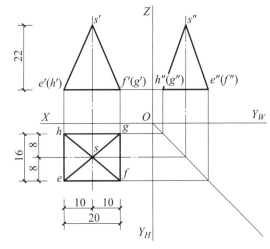

图3-10 四棱锥的三面投影

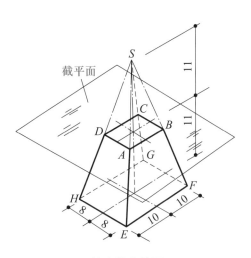

图3-11 四棱台的立体图

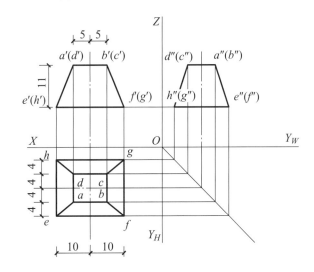

图3-12 四棱台的三面投影

　　棱台的投影特征为"梯梯为台"：两个投影是梯形的外轮廓，另外一个投影为双多边形，多边形是几边形就是几棱台。

　　以四棱台为例，将它置于三面投影体系中，其三面投影如图3-12所示。首先分析一下棱台顶点及前后侧面的正立面投影的重影性及可见性。

　　棱台上底面的四个顶点 A、B、C、D 的正立面投影为 a′、b′、c′、d′，a′、d′ 是重影点，a′ 可见，d′ 不可见（投影加括号）；b′、c′ 是重影点，b′ 可见，c′ 不可见（投影加括号）。棱台下底面的四个顶点 E、F、G、H 同理。

　　棱台的前侧面——△ABFE 和后侧面——△DCGH 都倾斜于正立投影面，正立面投影△a′b′f′e′ 和△d′c′g′h′ 都是实形的类似形，但比实形要小（倾斜形变小）。正立面投影△a′b′f′e′ 和△d′c′g′h′ 重影，前侧面的△a′b′f′e′ 可见，后侧面的△d′c′g′h′ 不可见。

　　棱台左右侧面△DAEH 和△CBFG 的侧立面投影的重影性及可见性请自行分析。

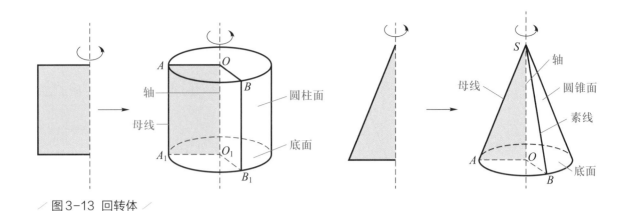

图3-13 回转体

二、曲面体的投影

曲面体是表面由曲面和平面或全部由曲面围成的几何体。常见的曲面体有圆柱、圆锥、圆台和球。

工程上常见的曲面体多为回转体。回转体是由一个平面绕它所在平面内的一条轴旋转形成的几何体，如图3-13所示。旋转形成的表面称为回转面，例如圆锥面、圆柱面、球面就是回转面。回转面可以看成由一条动线（直线或曲线）绕轴旋转而成，形成回转面的动线称为母线，母线处于曲面上任一位置时的线条称为素线。我们通过表3-3来比较常见曲面体的外形特征及投影特征。

表3-3 常见曲面体的外形特征及投影特征

	圆柱	圆锥	圆台	球
各部分名称				
外形特征	由一个矩形平面绕它的一条边回转而成；由两个平行且相同的圆形底面和与之垂直的圆柱面围合而成	由一个直角三角形绕它的一条直角边回转而成；由一个圆形底面和带顶点的圆锥面围合而成	由一个直角梯形绕它的直腰回转而成；由两个平行的圆形底面和母线回转而成的侧面围合而成	由一个半圆形绕它的一条直径回转而成。半圆回转成的表面称为球面
常见构件				

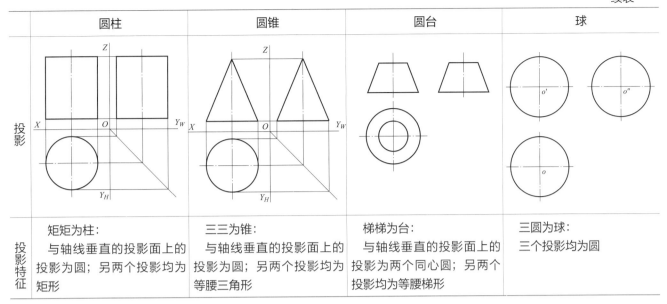

圆柱	圆锥	圆台	球
投影			
投影特征 矩矩为柱： 与轴线垂直的投影面上的投影为圆；另两个投影均为矩形	三三为锥： 与轴线垂直的投影面上的投影为圆；另两个投影均为等腰三角形	梯梯为台： 与轴线垂直的投影面上的投影为两个同心圆；另两个投影均为等腰梯形	三圆为球： 三个投影均为圆

　　掌握了圆柱、圆锥、圆台和球的特点后，下面通过几个具体的例子来学习曲面体的投影画法。

1. 圆柱

　　圆柱是曲面体中最常见的一种，生活中的笔杆、杯子、车轮，建筑物的柱、基础下面的桩等，很多都是圆柱体。圆柱由圆柱面和两个平行且相同的圆形底面围合而成，圆柱面垂直于底面。如图3-14a所示的圆柱，直径为30 mm，高为35 mm，将它置于三面投影体系中，其三面投影如图3-14b所示。

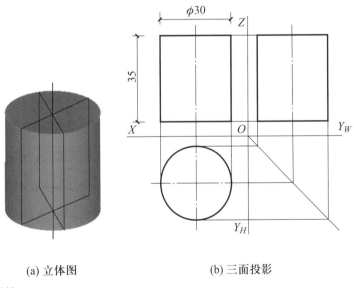

(a) 立体图　　　　　　　　(b) 三面投影

图 3-14 圆柱

　　转向素线是曲面体对于某一个投影面的可见与不可见部分的分界线，如图3-15中的 AA_1、CC_1 的侧立面投影 $a''a_1''$、$c''c_1''$ 及 BB_1、DD_1 的正立面投影 $b'b_1'$、$d'd_1'$。转向素线只有在形成投影的轮廓线时才需要画出，这点要注意区分。

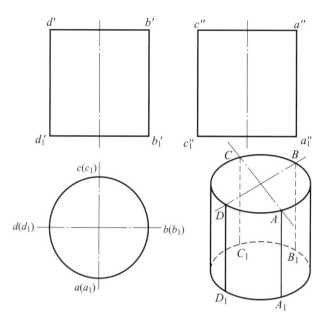

图 3-15 圆柱转向素线及其投影

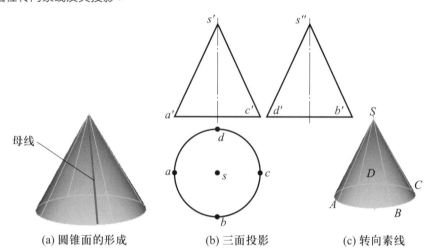

(a) 圆锥面的形成　　(b) 三面投影　　(c) 转向素线

图 3-16 圆锥

　　圆柱的投影特征可总结为：反映底面实形的投影为圆，另两个投影均为矩形。矩形的上下轮廓线分别是上底面和下底面的积聚性投影，左右轮廓线分别是圆柱面最左、最右或最后、最前的转向素线。

2. 圆锥

　　圆锥由圆锥面、底面围合而成。圆锥面可看作由一条直线（母线）绕与它相交的轴线旋转而成，如图 3-16a 所示。将圆锥置于三面投影体系中，其三面投影如图 3-16b 所示。

　　圆锥的投影特征为：反映底面实形的投影为圆形；另两个投影均为等腰三角形，三角形的外轮廓分别是最左、最右、最前、最后的转向素线 SA、SC、SB、SD（图 3-16c）。

　　下面通过具体实例来学习圆锥的三面投影的画法。画出锥尖垂直向上水平放置的直径 30 mm、高 35 mm 圆锥的三面投影。

　　先在画好的三面投影体系中画出圆锥的水平投影——一个直径 30 mm 的

圆，用十字相交的单点长画线表示出圆心的位置（图3-17a）；然后根据"长对正"及圆锥高画出圆锥的正立面投影——底面长30 mm、高35 mm的等腰三角形（图3-17b）；再根据"高平齐"和"宽相等"画出圆锥的侧立面投影——底面宽30 mm、高35 mm的等腰三角形（图3-17c）；最后标注尺寸，加深图线，完成圆锥三面投影的绘制（图3-17d）。

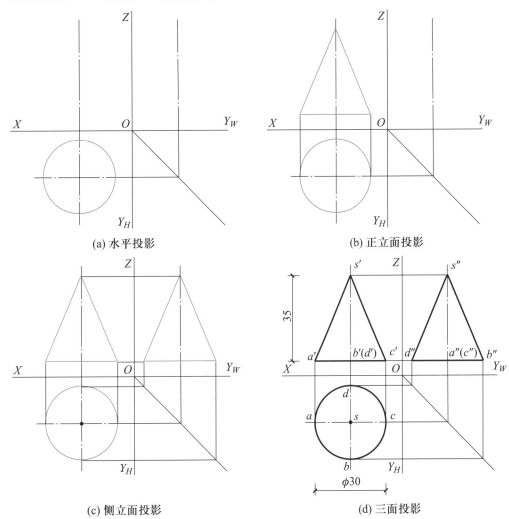

(a) 水平投影　　　　　　　　　(b) 正立面投影

(c) 侧立面投影　　　　　　　　　(d) 三面投影

图3-17 圆锥三面投影的绘制步骤

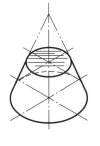

(a) 立体图

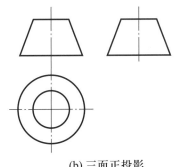

(b) 三面正投影

图3-18 圆台

3. 圆台

圆台可以看成是圆锥被垂直于轴线的平面截去锥顶的剩余部分，如图3-18a所示，其上下底面为半径不同的圆形平面。圆台的形体特征为：有两个平行且同心的圆形底面，圆台侧面是圆锥面的一部分。将圆台置于三面投影体系中，其三面正投影如图3-18b所示。

圆台的投影特征为：与轴线垂直的投影面上的投影为两个同心圆，另两个投影均为等腰梯形。

下面通过具体实例来学习圆台的三面正投影画法。画出上底面直径10 mm、下底面直径20 mm、高25 mm的圆台的三面正投影。

先在画好的三面投影体系中画出圆台的水平投影——两个同心的圆，大圆直径20 mm，小圆直径10 mm，用十字相交的单点长画线定出圆心的位置，分别绘制两个同心圆（图3-19a）；然后根据"长对正"及圆台高画出圆台的正立面投影——上底面长10 mm、下底面长20 mm、高25 mm的等腰梯形（图3-19b）；再根据"高平齐"和"宽相等"画出圆台的侧立面投影——上底面宽10 mm、下底面宽20 mm、高25 mm的等腰梯形（图3-19c）；最后标注尺寸、图名，加深图线，完成圆台三面正投影的绘制（图3-19d）。

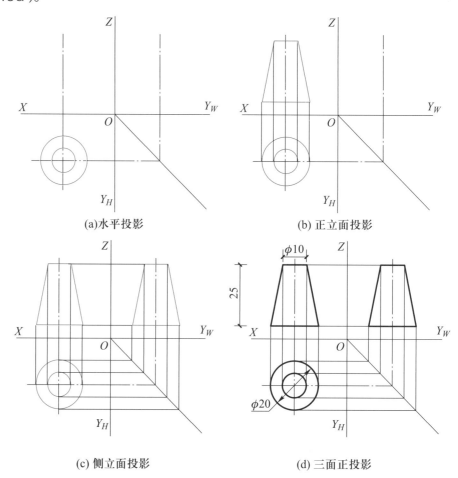

(a)水平投影 (b) 正立面投影

(c) 侧立面投影 (d) 三面正投影

图3-19 圆台三面正投影绘制步骤

4. 球

球可看成是由一个半圆形平面绕其直径回转而成的曲面体。整个球由一个球面围合而成，表面没有平面。如图3-20所示，圆的三面正投影看上去都是一样的圆，但它们其实"此圆非彼圆"：正立面投影是从前往后看时，最大的平行于正立投影面的正平圆的投影，这个正平圆是前、后半球的分界线；侧立面投影是从左往右看时，最大的平行于侧立投影面的侧平圆的投影，这个侧平圆是左、右半球的分界线；水平投影是从上往下看时，最大的平行于

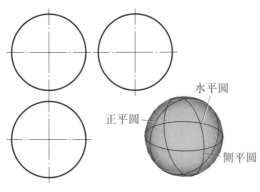

正平圆

水平圆

侧平圆

图3-20 球的三面投影

水平投影面的水平圆的投影，这个水平圆是上、下半球的分界线。

球的投影特征可总结为"三圆为球"。球的投影比较简单，大家可以自己尝试画一个直径为20 mm的球的三面投影。

三、基本体尺寸标注

1. 平面体尺寸标注

平面体一般应标出其长、宽、高三个方向的尺寸，所标注的尺寸既要齐全又不能重复，尽量标注在反映实形的投影上，高度尺寸最好标注在正立面投影和侧立面投影之间。常见平面体尺寸标注如图3-21所示。

2. 曲面体尺寸标注

圆柱和圆锥在标注尺寸时应标出底圆直径和高度尺寸，圆台还应加注顶圆的直径。在标注直径尺寸时，应在数字前面加注"ϕ"，而且往往标注在非圆的投影上，用这种标注形式时只要用一个投影就能确定其形状和大小，其他投影可以省略，球在直径数字前加注"$S\phi$"，也只需要一个投影，如图3-22所示。

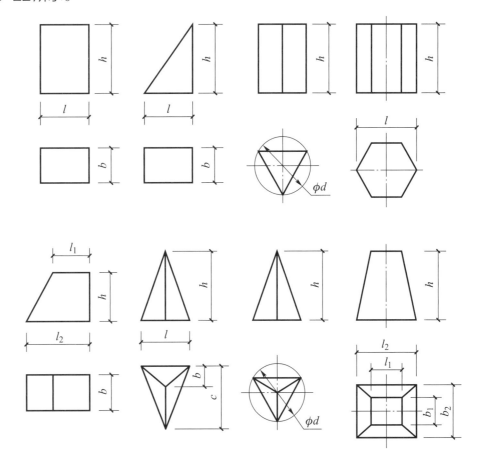

图3-21 常见平面体尺寸标注

063

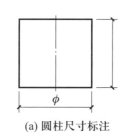 

(a) 圆柱尺寸标注　　　　(b) 圆台尺寸标注　　　(c) 球尺寸标注

图3-22 曲面体尺寸标注

技能训练

1. 分小组完成基本体的模型制作。使用硬纸板或吹塑纸，每组做6个基本体（棱柱、棱锥、棱台、圆柱、圆锥、圆台），各种基本体的展开图可参考图3-23。

2. 观察图3-24所示生活中的物体，这些物体具有什么几何结构特征？你能对它们按照基本体进行分类吗？分类依据是什么？

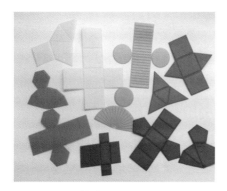

图3-23 基本体的展开图

图3-24 生活中的物体

3.3 组合体的投影

学习目标
· 了解组合体的分类及组合方式；
· 掌握组合体投影的绘制方法和尺寸标注方法。

一、组合体基础知识

由两个或两个以上的基本体经过组合而得到的形体称为组合体。我们日常见到的建筑物及装饰构件，不管多么复杂都是由简单的基本体组合而成。如图3-25所示的现代建筑，可以看成是由四棱锥、圆柱、四棱柱、六棱锥等基本体组合而成。

／图3-25 现代建筑／

虽然组合体看上去千变万化，但我们只要将它们分成一个一个的基本体，再按照相应的组合方式组合在一起，然后通过分析各基本体之间的位置关系和表面连接关系，将投影进行相应的组合，就可以以不变应万变，完成不同组合体投影的分析与绘制。

这种把一个复杂形体分解成若干基本体或简单形体的方法，称为形体分析法，它是组合体绘制、识读和标注尺寸的基本方法。

1. 组合体的组合方式

组合体按照组合的方式不同分为叠加式组合体、切割式组合体和混合式组合体，见表3-4。

表3-4 组合体的组合方式

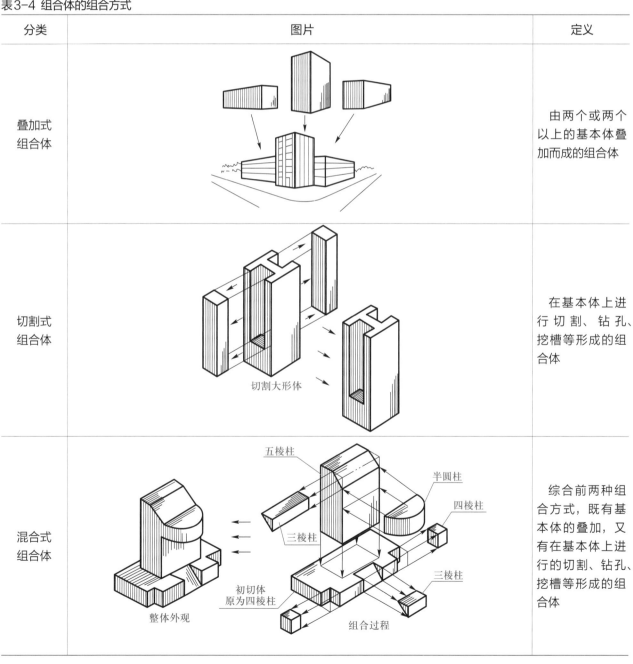

分类	图片	定义
叠加式组合体		由两个或两个以上的基本体叠加而成的组合体
切割式组合体	切割大形体	在基本体上进行切割、钻孔、挖槽等形成的组合体
混合式组合体	五棱柱　半圆柱　四棱柱　三棱柱　三棱柱　初切体原为四棱柱　整体外观　组合过程	综合前两种组合方式，既有基本体的叠加，又有在基本体上进行的切割、钻孔、挖槽等形成的组合体

2. 组合体的表面连接关系

所谓连接关系，就是指基本体组合成组合体时，各基本体表面间真实的相互关系。表面连接关系有共面、相切、相交、不共面四种，其中共面连接和相切连接时表面没有交线，相交连接和不共面连接时表面有交线，见表3-5。

表3-5 组合体的表面连接关系

表面连接关系	基本体组合过程	连接交线
共面	组合过程　　两面共面　　共面无交线　　投影	无交线
相切	组合过程　　两面相切　　相切处无交线　　投影	
相交	组合过程　　两面相交　　相交处有交线　　投影	有交线
不共面	两面不共面　　不共面有交线　　投影	

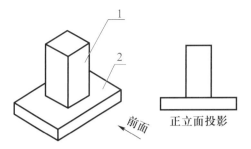

(a) 1 号基本体在 2 号基本体的上方中部

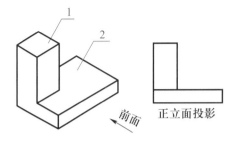

(b) 1 号基本体在 2 号基本体的左、后、上方

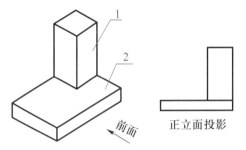

(c) 1 号基本体在 2 号基本体的右、后、上方

图 3-26 基本体的位置关系

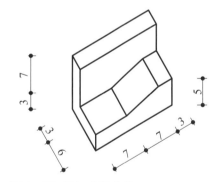

图 3-27 叠加式组合体

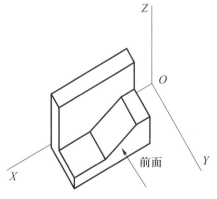

图 3-28 组合体的放置

3. 基本体的位置关系

组合体是由基本体组合而成的，所以基本体除了分析表面连接关系以外，还要清楚它们相互之间的位置关系，这样在绘制投影时才不会出现方位的错误。

基本体的位置关系其实就是它们之间的上下、左右、前后的相对方位。如图 3-26 所示为叠加式组合体组合过程中的几种位置关系。我们要学会分析它们之间的位置关系，会向别人描述，也会在脑海中构建它们之间的位置，这样在不知不觉中就培养了空间想象能力。

二、组合体投影的绘制

1. 叠加式组合体投影的绘制

下面以图 3-27 所示的组合体为例来学习叠加式组合体投影的绘制步骤。

（1）分析组合体，确定正立面。正立面投影是表达形体的最主要的投影，所以在投影分析过程中应重点考虑。正立面选择的原则为：应使正立面尽量反映出形体的特征及其相对位置；应使投影上的虚线尽可能少一些。确定正立面后区分出前后、左右和上下的方位关系。如图 3-28 所示，如果选图中所示箭头方向投射，则能很清楚地反映前面的坡道的特征以及其与后面墙的位置关系，所以这样选择比较合理。

（2）把组合体放置到三面投影体系中。按照确定好的正立面，把组合体放置到三面投影体系中，如图 3-28 所示。

（3）分析组合体的组合方式和位置关系。如图 3-29 所示，该叠加式组合体可以看成是由两个棱柱组合而成，前面是一个前后放置的六棱柱，后面是一个四棱柱。前面的六棱柱也可以看成是三个前后放置的四棱柱或者一个四棱柱叠加一个五棱柱，我们怎么分析就怎么画。

（4）确定投影数量。组合体的形状和相对位置仅依靠正立面投影是不能完全表达清楚的，需要增加其他投影进行补充。为了能准确地确定组合体的形状，便于看图，一般选择三面投影来表达。

（5）选取画图比例。按选定的比例，根据组合体的长、宽、高估算三个投影的大致位置，并在投影之间留出适当

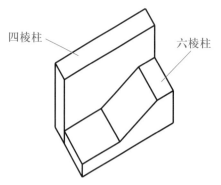

图3-29 将组合体分解成基本体

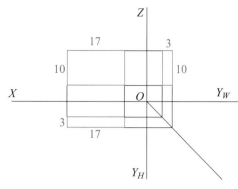

图3-30 四棱柱的三面投影

的间距用于标注尺寸。

（6）画出投影体系的坐标轴。分别画出向左的OX轴、向上的OZ轴、向下的OY_H轴、向右的OY_W轴及右下角的45°连接线。

（7）依次画出每个基本体的三面投影。根据前面的分析，我们从后面的四棱柱开始画起，按照立体图中的尺寸，依次完成四棱柱的三面投影（图3-30），在四棱柱投影的前下方再叠加六棱柱的投影（图3-31）。

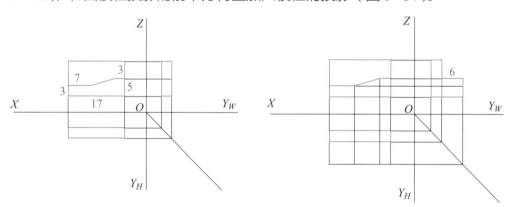

(a) 绘制正立面投影　　　　　　(b) 根据正立面投影绘制水平投影和侧立面投影

图3-31 六棱柱的三面投影

（8）分析相邻基本体的表面连接关系。从左向右看时，前面的六棱柱左侧立面和后面的四棱柱左侧立面表面共面，没有交线，如图3-32所示。这样就需要对按照两个基本体绘制出的侧立面投影进行修改，如图3-33所示。

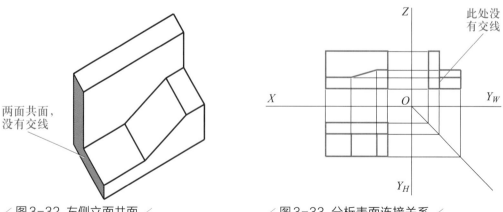

图3-32 左侧立面共面

图3-33 分析表面连接关系

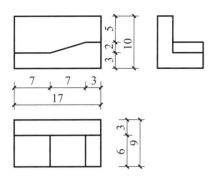

图3-34 加深轮廓线并标注尺寸

（9）加深组合体轮廓线并标注尺寸。按可见轮廓线是粗实线，不可见轮廓线是中粗虚线，投影连线是细实线，依次进行线条的加深。然后进行长度、宽度和高度方向的尺寸标注，细部尺寸靠近形体标注，总尺寸远离形体标注，如图3-34所示。

2. 切割式组合体投影的绘制

当形体分析为切割式组合体时，先画出形体未被切割前基本体的三面投影，然后按分析的切割顺序，画出切去部分的三面投影，最后得到组合体的三面投影。

（1）分析组合体。如图3-35a所示为切割式组合体，这个组合体可以看成是四棱柱在左前上角切掉一个三棱柱。我们把它放置到三面投影体系中，如图3-35b所示。

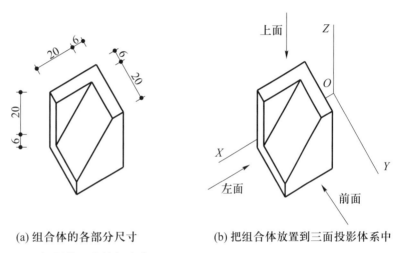

(a) 组合体的各部分尺寸　　　(b) 把组合体放置到三面投影体系中

图3-35 三面投影体系中的组合体

（2）依次画出每个基本体的三面投影。先画出切割前的四棱柱的三面投影（图3-36a），然后在左前上角进行切割。切掉的三棱柱是前后放置的，位置在四棱柱的左、前、上角。我们先找到这个位置，然后依次画出三棱柱的三面投影（图3-36b）。

（3）分析相邻基本体的表面连接关系。完成后依次检查一下组合体的各个投影，有没有相邻基本体的表面连接关系属于"表面共面没有交线"或"表面相切没有交线"的情况。

（4）加深轮廓线并标注尺寸。按可见轮廓线是粗实线，不可见轮廓线是中粗虚线，投影连线是细实线，依次进行线条的加深（图3-26c）。然后进行长度、宽度和高度方向的尺寸标注，细部尺寸靠近形体标注，总尺寸远离形体标注（图3-36d）。

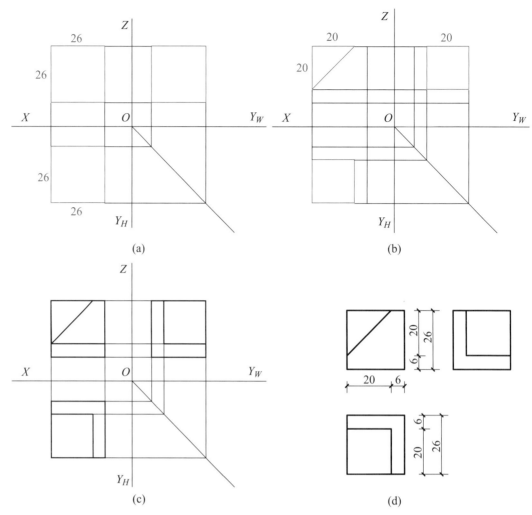

图 3-36 切割型组合体的三面投影

三、组合体尺寸标注

尺寸标注在投影中有着重要的地位和作用。组合体尺寸标注前需进行形体分析，弄清反映在投影上的有哪些基本体，然后注意这些基本体的尺寸标注要求，做到简洁合理。

1. 组合体尺寸组成

（1）定形尺寸：用于确定组合体中各基本体自身大小的尺寸。

（2）定位尺寸：用于确定组合体中各基本体之间相互位置的尺寸。各基本体之间的定位尺寸一定要先选好定位基准再行标注，做到心中有数，不遗漏。由于组合体形状较多，定形、定位和总体尺寸有时可以相互兼代。

（3）总体尺寸：确定组合体总长、总宽、总高尺寸。

2. 组合体尺寸标注的注意事项

（1）尺寸一般应布置在图形外，以免影响图形清晰。

（2）尺寸排列要注意大尺寸在外、小尺寸在内，并在不出现尺寸重复的前提下，使尺寸构成封闭的尺寸链。

（3）反映某一形体的尺寸，最好集中标在反映这一形体特征轮廓的投影上。

（4）两个投影相关的尺寸，应尽量标注在两投影之间，以便对照识读。

（5）尽量不在虚线图形上标注尺寸。

下面以图3-37所示的盥洗台组合体为例进行三面投影的绘制和尺寸标注。

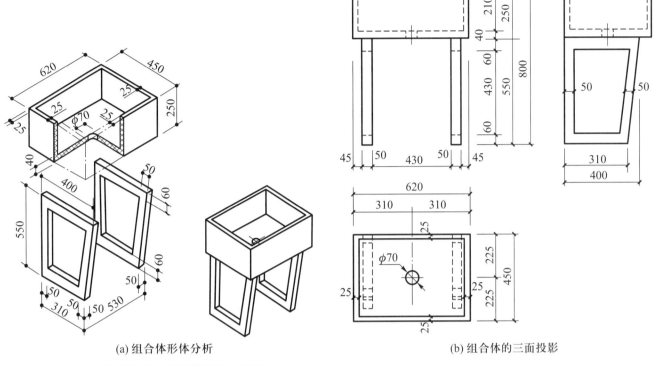

(a) 组合体形体分析　　　　　　　　　(b) 组合体的三面投影

图3-37　盥洗台组合体的三面投影及尺寸标注

3.4　组合体投影的识读

·掌握组合体投影的识读方法；

·通过练习能独立完成简单组合体投影的识读。

如果将"根据立体绘制投影"称为制图语言"说"的能力，那么"根据投影想象空间立体"就是制图语言"听"的能力，后者需要在掌握组合体投影规律的基础上，通过对三面投影的理解，想象出立体的模样，这个空间想象能力的培养对今后识读专业图有着重要的作用。

一、组合体投影识读的基本知识

虽然组合体千变万化，但它们都是基本体的组合，也是点、线、面的综合，所以在识读组合体投影之前一定要熟练掌握形体的"长对正、高平齐、宽相等"投影关系，熟悉形体的长度、宽度、高度三个方向和各投影的上下、左右、前后位置关系，除此之外还要做到以下几点。

1. 掌握基本体的投影特征

"矩矩为柱、三三为锥、梯梯为台、三圆为球"，这是识读组合体投影时必备的基本知识。

2. 联系各个投影进行分析

通常不能只根据一个或者两个投影来确定形体的空间形态。如图3-38所示，仅有正立面投影和侧立面投影不能确定是什么样的形体，只有把三个投影联系起来进行分析，才能确定形体的空间形态。所以，在识读三面投影时要联系各个投影进行分析。

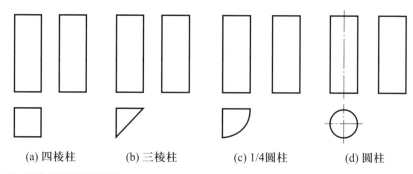

(a) 四棱柱　　　(b) 三棱柱　　　(c) 1/4圆柱　　　(d) 圆柱

／ 图3-38 三个投影确定形体 ／

3. 找出特征投影

特征投影就是能使某一形体区别于其他形体的投影。在特征投影中可以识读出组合体更多的信息。在识读特征投影的同时，也要联系各个投影进行分析，进而才能准确快速地想象出组合体的形状。图3-38所示形体的水平投影即为形体的特征投影。

二、组合体投影识读的基本方法

1. 形体分析法

形体分析法就是通过分析组合体的组合方式，组合体中各基本体的投影特性、表面连接关系以及相互位置关系，再综合起来想象组合体空间形状的分析方法。形体分析法是从整体上把握组合体，主要用于叠加式组合体或挖切比较明显的切割式组合体投影的识读。例如，图3-39a所示的组合体投影识读时，首先联系各个投影进行组合方式分析，按照"长对正、高平齐、宽相等"的投影关系，可以看出这个组合体由四部分组成：下面是左右两个四棱柱，上方中后部叠加一个四棱柱，四棱柱的上方中部叠加一个前后放置的半圆柱，四棱柱和半圆柱的前后表面是共面的，没有交线。看看图3-39b中的立体是不是和你想象的一样呢？

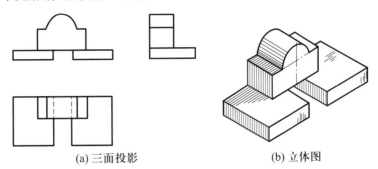

(a) 三面投影   (b) 立体图

图3-39 形体分析法

2. 线面分析法

线面分析法是一种针对较难的细节和局部进行分析的方法。它是根据直线、平面的投影特性，通过分析投影中某条线或某个线框的空间意义，从而想象其空间形状，最后联想出组合体整体形态的分析方法。对于一些挖切后的形体不完整、形体特征不明显，又难以用形体分析法读图时，就要对其局部作进一步细化分析，具体就是对某条线或某个线框进行逐个分析，从而想象其局部的空间形状，直到最后联想出组合体的整体形态。

形体分析法和线面分析法这两种方法要配合使用，整体以形体分析法为主，投影中难以看懂的图线或线框用线面分析法。例如，图3-40a所示切割式组合体侧立面投影中的斜线，通过投影对应的原则，在正立面投影和水平投影中找出两个八边形投影与之对应。由此可以分析出这个组合体上面有一个八边形的斜面，垂直于侧立面，如图3-40b所示。由于"垂直变形态"，八边形在侧立面上积聚成一条斜线。投影中直线和线框的意义我们总结在表3-6中，学习者可以在识读的过程中自己多总结经验，就会熟能生巧。

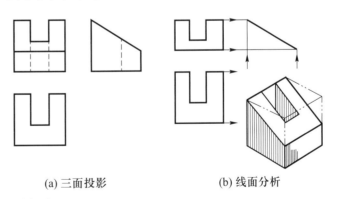

(a) 三面投影   (b) 线面分析

图3-40 线面分析法

表3-6 投影中直线和线框的意义

	图示	意义
直线	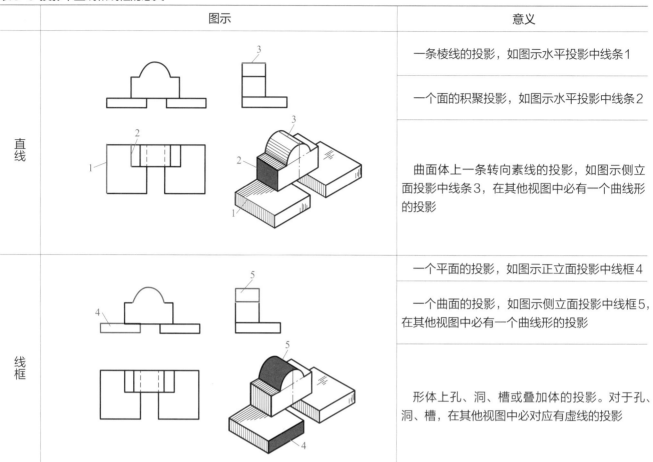	一条棱线的投影，如图示水平投影中线条1
		一个面的积聚投影，如图示水平投影中线条2
		曲面体上一条转向素线的投影，如图示侧立面投影中线条3，在其他视图中必有一个曲线形的投影
线框		一个平面的投影，如图示正立面投影中线框4
		一个曲面的投影，如图示侧立面投影中线框5，在其他视图中必有一个曲线形的投影
		形体上孔、洞、槽或叠加体的投影。对于孔、洞、槽，在其他视图中必对应有虚线的投影

3. 画立体图或者制作模型

画立体图或者制作模型都是能帮助初学者想象和确定组合体空间形状的方法，现在我们还没有学习规范的轴测图的画法，大家可以徒手绘制想象的立体，或者使用可塑橡皮来制作自己想象的立体，然后分析它们的三面投影和给出的投影是否一致。实践证明，徒手绘制立体图是初学者容易掌握的辅助识图方法，同时它也是一种常用的图示形式。

三、组合体投影的识读要点

组合体投影的识读不是一蹴而就的事，掌握了识读的方法和步骤，再加上适当的练习，就一定能掌握这个重要的技能。

1. 观察投影抓特征

识读组合体投影时要对应观察三个投影，联系各个投影综合起来想象组合体。如图3-41a所示，若只把视线注意在 V、H 面投影上，则至少可得出图3-41b、c、d所示三个答案，甚至更多。因此，识读组合体投影要"上看（正立面投影）下看（水平投影），左看（正立面投影）右看（侧立面投影）"，找出特征投影。例如图3-41b、c、d所示的三个组合体中，从左向右看的侧立面投影是它们的特征投影，找出特征投影更有助于形体分析和线面分析，进而想象出组合体的形态。

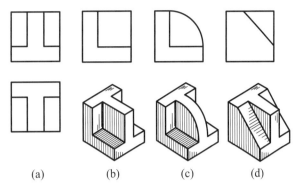

图3-41 组合体的特征投影

2. 形体分析对投影

用形体分析法对照投影进行分析：组合体是叠加式还是切割式？各基本体的位置关系如何？相邻基本体的表面是什么连接关系？有没有虚线（孔、洞、槽等）？这样反复对照投影进行形体分析，立体的模样就越来越清晰了。

3. 综合起来想整体

在想象的过程中，借助绘制形体的立体图和制作模型，对组合体的识读速度和准确率更有保证。将分析的结果综合到一起，一般就可以想象出组合体的准确形状。

4. 线面分析攻难点

如果有个别的地方不好想象出来，可以借助分析该处的某一条线或者某一个面攻克难点。

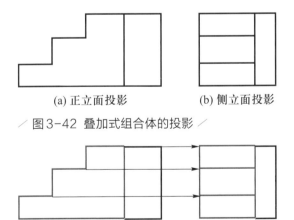

(a) 正立面投影　　(b) 侧立面投影

图3-42 叠加式组合体的投影

(a) 正立面投影　　(b) 侧立面投影

图3-43 分析组合体中的基本体

四、组合体投影的识读实例

1. 叠加式组合体投影的识读

提高识图水平最好的练习就是补图补线，下面以图3-42所示的组合体投影为例进行识读。

（1）观察投影抓特征。图3-42给出的两个投影分别是正立面投影和侧立面投影。根据"高平齐"对应关系可以大致分析出这是一个由两部分组合而成的叠加式组合体。图3-43中红色部分是一个基本体，其中a图中的台阶状八边形是特征投影，根据"矩矩为柱"——一个八边形、一个矩形的外轮廓，这个基本体很可能是前后放置的八棱柱，由此可以画出此部分的水平投影。

（2）形体分析对投影。组合体里的另外一个基本体需要通过形体分析对照投影来确定。如图3-44a、b所示，除了八棱柱外，剩下部分是一个小四边形和一个大四边形（红色部分），这个基本体很可能是一个四棱柱。但为什么正立面投影中的四棱柱对应的不是图3-44c中的红色小四边形呢？

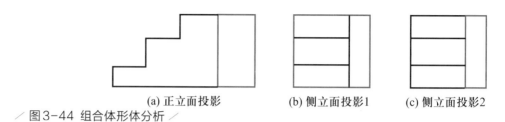

(a) 正立面投影   (b) 侧立面投影1   (c) 侧立面投影2

图3-44 组合体形体分析

（3）综合起来想整体。综合各部分想象整体，可以得出图3-45a或图3-45b所示两种组合体。按照图3-44中的侧立面投影1分析就是图3-45a所示的组合体，按照侧立面投影2分析就是图3-45b所示的组合体。从理论上分析，这两种情况都对应着图3-42所示叠加式组合体的两面投影，但图3-45a所示的组合体更符合实际生活中建筑构件的状况，就像通过楼梯的台阶到楼层的平台上一样。

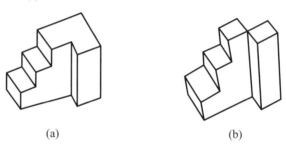

(a)   (b)

图3-45 组合体立体图

（4）线面分析攻难点。上面分析时是按照两个基本体来分析的，最终还要分析表面连接关系，两个基本体上表面共面，因此没有交线，如图3-46b所示。擦掉由于分成不同的基本体导致多出来的交线，就完成了该组合体水平投影的绘制。

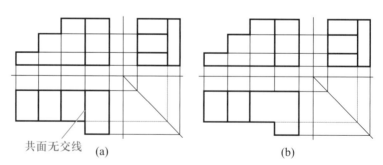

共面无交线   (a)   (b)

图3-46 表面连接关系分析

2. 切割式组合体识读

（1）观察投影抓特征。图3-47给出的两个投影分别是正立面投影和水平投影。根据"长对正"联系两个投影"上看下看"，可以大致分析出这个形体是切割式组合体，其外轮廓一个是五边形、一个是大矩形（左边中部切掉一个小矩形），因此这个组合体的特征投影是正立面投影。

（2）形体分析对投影。根据形体分析，这个组合体切割前的基本体很可能是一个前后放置的五棱柱，如图3-48所示。补五棱柱的侧立面投影，如图3-49所示。

（3）综合起来想整体。分析切掉的小矩形——水平投影中缺的四边形（图3-47b中红线部分）。通过"长对正"，找到正立面投影中的四边形（图3-50a中的斜线区）。其右边是虚线，说明有孔、洞、槽，正好对应挖掉的部分。这样就不难想象出，在这个五棱柱左侧的中间切割了一个四棱柱，如图3-50b所示。

（4）线面分析攻难点。正立面投影中的虚线是线面分析的重点，它的高度是切割部分侧立面投影的高度。切掉的四棱柱左侧的两条棱线在侧立面的投影要擦掉，右侧的两条棱线要画出来，位置对应着正立面投影中虚线的起点和终点。最终完成的侧立面投影如图3-51所示。

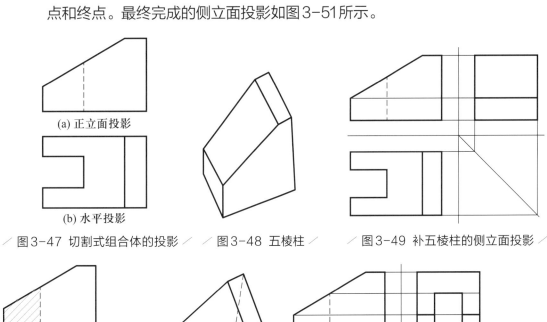

(a) 正立面投影

(b) 水平投影

图3-47 切割式组合体的投影　　图3-48 五棱柱　　图3-49 补五棱柱的侧立面投影

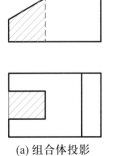
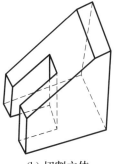
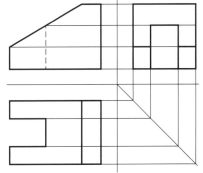

(a) 组合体投影　　(b) 切割立体

图3-50 切割立体　　图3-51 切割式组合体的三面投影

技能训练　分小组完成组合体的模型制作。在基本体制作的基础上，可以尝试制作各种基本体组合成的家具模型，如图3-52所示。

图3-52 家具模型

单元小结

本单元从点、线、面的投影开始接触三面投影，由基本体的学习进入到各种组合体的学习，从由立体图绘制三面投影过渡到由三面投影来想象空间立体，这是一个质的飞跃。掌握好这部分的内容，就为后面的轴测图、剖面图和断面图以及专业图的绘制和识读打下了坚实的基础。

轴测图

三面投影能够比较全面准确地反映空间物体的形状和大小，具有作图方便、表达准确的优点，但因其缺少立体感，有时会给读图带来一定的难度。而轴测图有立体感，弥补了三面投影的缺点，在建筑和装饰制图中常被用来作为辅助表达的图样。此外，通过画轴测图还可以帮助我们想象物体的空间形态，培养空间想象能力。

轴测图概述

· 了解轴测图的形成及投影特点；

· 掌握轴间角及轴向伸缩系数等概念；

· 了解轴测图的类型。

三面投影在工程制图中被广泛采用，但缺乏立体感，初学者识读有一定的困难。轴测图直观性好，富有立体感，没有投影基础也能看懂。因此，两者在建筑及建筑装饰工程设计和施工过程中可以取长补短、相辅相成。三面投影与轴测图的比较见表4-1。

表4-1 三面投影与轴测图比较

	图例	优缺点	适用范围
三面投影		能够完整而准确地表达出形体各个方向的形状和大小，度量性好；缺乏立体感，识读要有基础	工程中被广泛用于设计图、施工图等
轴测图		富有立体感，没有投影基础也能看懂；一般不能反映出物体各表面的实形，度量性差	工程中常作为辅助图样，用于整理设计思路、想象物体形状、展示空间设计、管理人员施工交底等情况

一、轴测图基本知识

1. 轴测图的形成

用一组平行投射线按不平行于任一坐标面的方向，将物体连同确定其空间位置的坐标轴（O_0X_0、O_0Y_0、O_0Z_0）一起投射到单一投影面上而形成的投影，称为轴测投影或轴测图，如图4-1所示。这个投影面 P 称为轴测投影面。轴测图属于平行投影的一种，是采用单面投影的方法绘制的立体图，它从立体的角度反映物体特征。

2. 轴测图中常用基本术语及符号

（1）轴测投影面。轴测图中的投影面称为轴测投影面，一般用 P 表示。

（2）轴测投射方向。轴测图的投射方向，一般用 S 表示。

（3）轴测轴。物体的长、宽、高三个方向的坐标轴 O_0X_0、O_0Y_0、O_0Z_0 在

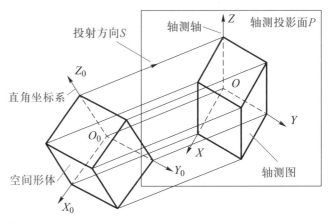

／ 图4-1 轴测图的形成 ／

轴测图中的投影 *OX*、*OY*、*OZ* 称为轴测轴。

（4）轴间角。轴测轴之间的夹角称为轴间角，如图4-1中的 $\angle XOY$、$\angle YOZ$、$\angle ZOX$。

（5）轴向伸缩系数。"倾斜形变小"，倾斜于投影面的直线一定变短。因此，物体沿轴测轴方向的线段长度与物体上沿坐标轴方向的对应线段之比称为轴向伸缩系数。轴向伸缩系数分别用 *p*、*q*、*r* 来表示，即 $p = OX/O_0X_0$ 称为 *OX* 轴轴向伸缩系数，$q = OY/O_0Y_0$ 称为 *OY* 轴轴向伸缩系数，$r = OZ/O_0Z_0$ 称为 *OZ* 轴轴向伸缩系数。轴向伸缩系数确定了物体在轴测图中的大小。轴向伸缩系数的比值即 $p : q : r$ 应采用简单的数值，以便于作图。

3. **轴测图的特点**

轴测图是平行投影，它具有平行投影的所有属性：

（1）空间平行的两条直线在轴测图中仍然平行，所以凡与坐标轴平行的直线，其轴测投影必然平行于相应的轴测轴。

（2）空间与坐标轴平行的直线，其轴测投影具有与该相应轴测轴相同的轴向伸缩系数。与坐标轴不平行的直线，其轴测投影具有不同的轴向伸缩系数。

二、轴测图的类型

轴测图可按投射方向 *S* 与轴测投影面 *P* 之间的关系进行分类，垂直的称为正轴测图，倾斜的称为斜轴测图。建筑和装饰制图中，常用的正轴测图是正等轴测图（简称正等测），常用的斜轴测图有正面斜等轴测图（简称正面斜等测）和水平斜等轴测图（简称水平斜等测），这两种斜轴测图的形成如图4-2所示。为了简化尺寸计算，三个轴向伸缩系数都采用简化系数，即 $p = q = r = 1$，这样绘制的轴测图比实际稍大，但不影响立体效果。常见轴测图类型的比较见表4-2。

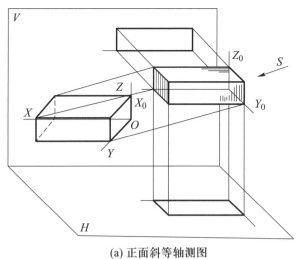

(a) 正面斜等轴测图　　　　　　　　　　　(b) 水平斜等轴测图

图4-2 斜轴测图的形成

表4-2 常见轴测图的类型比较

类型	正轴测图	斜轴测图	
	正等轴测图（正等测）	正面斜等轴测图（正面斜等测）	水平斜等轴测图（水平斜等测）
定义	投射方向S与轴测投影面P垂直时所得到的投影	投射方向S与轴测投影面P倾斜，并且形体的正立面平行于轴测投影面P时所得到的投影	投射方向S与轴测投影面P倾斜，并且形体的水平面平行于轴测投影面P时得到的投影
图示			
P和S关系	垂直	倾斜	倾斜
物体和P关系	所有表面和P倾斜	正立面和P平行	水平面和P平行
轴测图			
轴测轴	$120°$ $90°$ $30°$ $120°$	$45°$ $135°$	$30°$ $60°$
适用范围	房屋建筑的轴测图宜采用正等轴测图	正立面保持原来的形状，绘制正立面有圆或圆弧形的立体更方便	水平面保持原来的形状，绘制水平面有圆或圆弧形的立体更方便。一般多用于群体建筑或者整套房间

类型	正轴测图	斜轴测图	
	正等轴测图（正等测）	正面斜等轴测图（正面斜等测）	水平斜等轴测图（水平斜等测）
轴间角	$\angle XOY=120°$ $\angle YOZ=120°$ $\angle ZOX=120°$	$\angle XOY=45°$ 或者 $135°$ $\angle YOZ=225°$ 或者 $135°$ $\angle ZOX=90°$	$\angle XOY=90°$ $\angle YOZ=150°$ $\angle ZOX=120°$
轴向伸缩系数	采用简化轴向伸缩系数绘制，$p=q=r=1$		

4.2 轴测图的画法

学习目标
· 掌握轴测图的绘制步骤；
· 掌握正等轴测图、正面斜轴测图、水平斜轴测图的绘制方法。

一、轴测图的绘制步骤

轴测图的绘制可以按照下面的步骤进行：识读三面投影想象空间形体；选择轴测图的类型、画出轴测轴；从下底面开始，画出底面形状；起高度、量高度；封顶；叠加或切割其他部分；擦去不可见的线；加深可见轮廓线。

在绘制过程中，可以根据组合体的类型选择画轴测图的基本方法：叠加式组合体使用组合法绘制，先将组合体分成若干基本体，然后逐一将基本体的轴测图绘制出来；切割式组合体使用切割法绘制，先按完整形体画出轴测图，然后再用切割法画出切割掉的部分。具体在绘制过程中要使用坐标法，即沿坐标轴测量轴向尺寸，按坐标画出各转折点，再依次相连。轴测图中一般只画可见部分，必要时才画出不可见部分。

下面我们以不同的例子来学习轴测图的绘制，大家在练习的过程中要注意积累经验，总结绘制方法。

二、轴测图绘制实例

1. 正等轴测图（切割式组合体）

正等测的轴间角相等，均为120°，轴向伸缩系数 $p=q=r=1$。如图4-3所示三面投影，我们按照轴测图绘制的步骤来分析和绘制。

（1）识读三面投影想象空间形体。通过识读三面投影，可以看出这是一个切割式组合体，前后、左右对称。组合体的外形是一个大四棱柱，在这个四棱柱的上方中部挖掉了一个小四棱柱，挖掉的小四棱柱也是前后、左右对称的。

（2）选择轴测图的类型，画出轴测轴。正等测是最常用的一种轴测图，它的三个轴间角相等都是120°，轴向伸缩系数取1，也就是按照物体的实际长度进行绘制，这样画出来的轴测图比实际形体稍大，但不影响立体效果。因为投影轴的夹角由90°变成了120°的轴间角，所有表面的形状都要发生变形，这样如果表面有曲线或者曲面，绘制时会比较麻烦。图4-3所示组合体是平面体，因此适合选择用正等测表达，画出轴测轴，如图4-4所示。

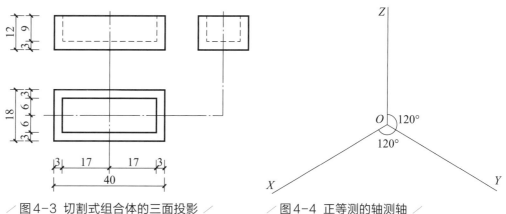

图4-3　切割式组合体的三面投影　　　　图4-4　正等测的轴测轴

（3）画出底面形状。因为该组合体是对称形体，我们可以选择将对称轴的交点放到投影体系的原点（O_0点）上，如图4-5a所示，画出四棱柱的下底面。长度平行于OX轴，宽度平行于OY轴。长度和宽度的数值如果有尺寸标注，按照标注的尺寸，如果没有尺寸标注，可按在三面投影上量出来的尺寸，注意量取尺寸时要量轴向尺寸，绘制好的下底面如图4-5b所示。

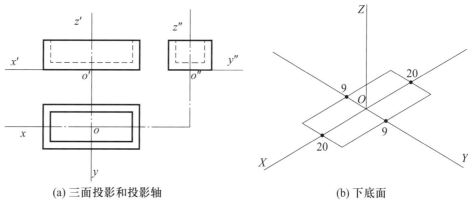

(a) 三面投影和投影轴　　　　　　　(b) 下底面

图4-5　绘制下底面

（4）起高度、量高度。在下底面每一个转折点起高度，高度的方向是垂直向上平行于OZ轴的。起好所有的高度后，在某个高度线上量高度，如图4-6所示。

（5）封顶。按照量好的高度，依次绘制完成下底面各边的平行线，完成上底面的绘制。大四棱柱的正等测绘制就完成了，如图4-7所示。

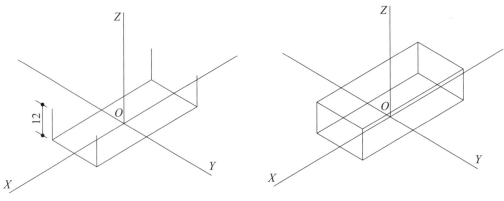

图4-6 起高度、量高度　　　　图4-7 大四棱柱的正等测

（6）叠加或切割其他部分。可以通过已知**A**点确定**B**点，依次绘制切割四棱柱的顶面四边形。然后向下起高度、封底，完成整个组合体的轴测图绘制，如图4-8所示。

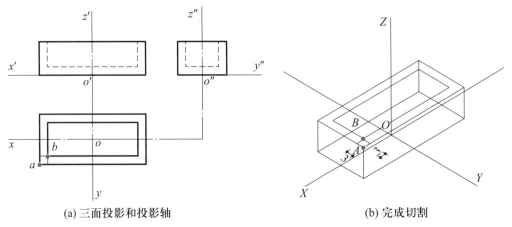

(a) 三面投影和投影轴　　　　(b) 完成切割

图4-8 完成切割后的正等测

（7）擦掉不可见的线，加深可见轮廓线。在轴测图中，一般最前面、最上面、最左面是看得见的面，这些面挡住的线都是不可见的线，需要全部擦掉。然后加深可见的轮廓线，一个方向的线一次加深完成，绘制完成的正等测如图4-9所示。

2. 正等测（混合式组合体）

如图4-10所示为组合体的正立面图和侧立面图，我们按照轴测图绘制的步骤来分析和绘制。

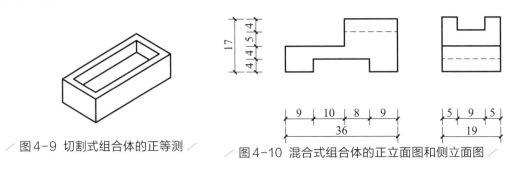

图4-9 切割式组合体的正等测　　　　图4-10 混合式组合体的正立面图和侧立面图

（1）识读三面投影想象空间形体。通过识读正立面图和侧立面图，可以看出这是一个混合式组合体。组合体的下面是一个大四棱柱，在中下部前后

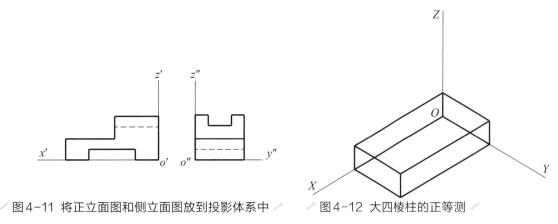

图4-11 将正立面图和侧立面图放到投影体系中　　　图4-12 大四棱柱的正等测

挖了一个四棱柱的槽，在大四棱柱的上方右侧叠加了一个小四棱柱，小四棱柱的上方中部左右挖了一个四棱柱通槽。将组合体的右后下角放置到三面投影体系的原点，如图4-11所示。

（2）选择轴测图的类型，画出轴测轴。正等测是最常用的轴测图，它的三个轴间角相等都是120°，轴向伸缩系数取1，这个组合体是平面体，因此可以选择用正等测表达，画出轴测轴。

（3）画出底面形状。因为该组合体不是对称形体，我们选择将组合体的右后下角放到投影体系的原点（O点）上，画出大四棱柱的下底面。长度平行于OX轴，宽度平行于OY轴。长度和宽度按照正投影图中标注的尺寸绘制。

（4）起高度、量高度。在下底面每一个转折点起高度，高度的方向是垂直向上平行于OZ轴的。绘制完成所有的高度线后，在某个高度线上量高度。

（5）封顶。按照量好的高度，依次绘制完成下底面的平行线。大四棱柱的正等测就绘制完成了，如图4-12所示。

（6）叠加或切割其他部分。可以先绘制切割四棱柱前表面的四边形，然后向后绘制出看得见的部分（图4-13a）；再绘制叠加在右上方的四棱柱（图4-13b）；绘制右上方四棱柱切割掉的横槽，完成整个组合体的轴测图绘制（图4-13c。）

（7）擦掉不可见的线，加深可见轮廓线。在轴测图中，最前面、最上面、最左面是看得见的面，这些面挡住的线都是不可见的线，需要全部擦掉。然后加深可见的轮廓线，一个方向的线一次加深完成，绘制完成的正等测如图4-14所示。

3. 正面斜等测

正面斜等测是投射方向S与轴测投影面P倾斜，并且形体的正立面（V面）平行于轴测投影面P时所得的投影。正面斜等测是斜投影的一种，它具有斜投影的特性：不管投射方向如何倾斜，平行于轴测投影面的平面图形的投影反映实形。即和正立面（V面）平行面的投影反映实形。在正面斜等测中，轴间角∠ZOX=90°，即平行于正立面的形状保持不变。这个特性使得斜轴

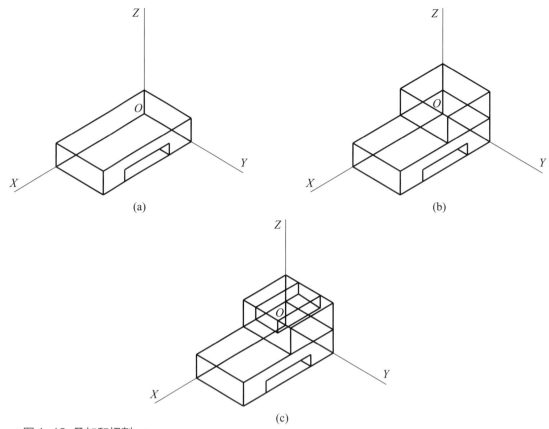

(a)

(b)

(c)

图4-13 叠加和切割

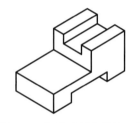

图4-14 混合式组合体的正等测

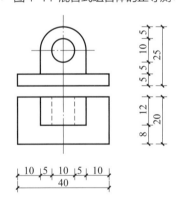

图4-15 组合体正立面图和平面图

测图的作图较为方便，对具有较复杂的正立面形状的形体，尤其是有圆或圆弧形的形体，这个优点尤为显著。下面我们以图4-15所示组合体为例进行正面斜等测的绘制。

（1）识读三面投影想象空间形体。识读图4-15，可以分析出这是一个混合式组合体。最下面是一个扁扁的四棱柱，在四棱柱的上方中后部叠加了一个四棱柱和半圆柱。在四棱柱和半圆柱的中上方，前后方向挖了一个贯通的圆柱形的孔。

（2）选择轴测图的类型，画出轴测轴。因为在这个组合体的前后方向有圆形，所以采用正面斜等测是最合适的。画出正面斜等测的轴测轴，如图4-16所示。

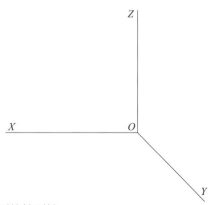

图4-16 正面斜等测的轴测轴

（3）画出底面形状。将组合体的右后下角放到投影体系的原点（O点）上，如图4-17a所示，画出四棱柱的下底面，长度平行于OX轴，宽度平行于OY轴。长度和宽度按照标注的尺寸绘制。绘制好的下底面如图4-17b所示。

（4）起高度、量高度。在下底面每一个转折的点起高度，高度的方向是垂直向上的。然后在某个高度线上量出大四棱柱的高度，如图4-18所示。

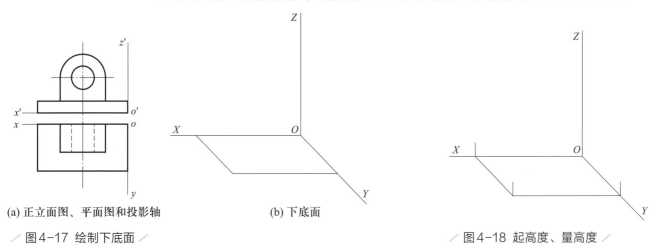

(a) 正立面图、平面图和投影轴

/ 图4-17 绘制下底面 /

(b) 下底面

/ 图4-18 起高度、量高度 /

（5）封顶。按照量好的高度，依次绘制完成下底面的平行线。下面的四棱柱正面斜等测就绘制完成了。

（6）叠加或切割其他部分。① 叠加上方中后部的四棱柱：先确定该四棱柱下底面的位置，然后绘制四棱柱的底面四边形，再向上起高度、封底，完成这个四棱柱的正面斜等测，如图4-19所示。② 叠加半圆柱：半圆柱的绘制从前后两个半圆开始，难点是在两个半圆形的右上方有一条转向素线，这条转向素线是与两个圆相切且平行于OY轴方向的切线，如图4-20所示。③ 切割圆柱：在半圆柱的中心前后方向切割一个圆柱。分别以前、后表面的中心为圆心，5 mm为半径，画出前后的圆形，如图4-21所示。

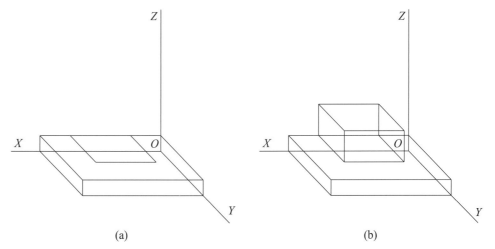

(a)

(b)

/ 图4-19 叠加四棱柱正面斜等测 /

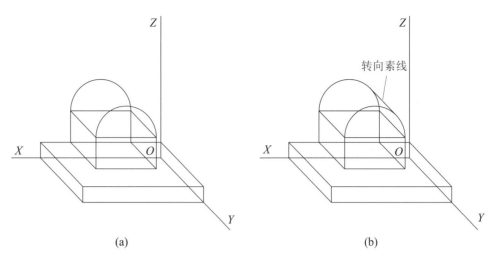

(a)   (b)

图4-20 叠加半圆柱正面斜等测

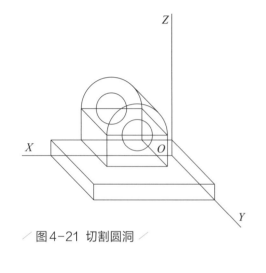

图4-21 切割圆洞

（7）擦掉不可见的线，加深可见轮廓线。通过分析，可见的最前面、最上面、最左面轮廓线挡住的线不可见，全部擦掉，然后加深可见的轮廓线。完成后的组合体的正面斜等测如图4-22所示。

正面斜等轴测图还可以选择另外一个投射方向，如图4-23所示。绘制轴测图的步骤是一样的，只是绘制轴测轴时选择不同的轴间角。

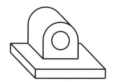 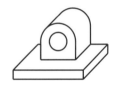

图4-22 完成后的组合体的正面斜等测 / 图4-23 不同方向的正面斜等测

在手工绘制轴测图时，要灵活应用两个三角板做不同轴测轴方向的平行线。只要掌握了轴测图的画图步骤，善于分析形体，就一定能掌握轴测图这项对于装饰专业来说非常重要的立体表现方法，同时攻克组合体识读的难点。正面斜等测的手工绘制方法如图4-24所示。

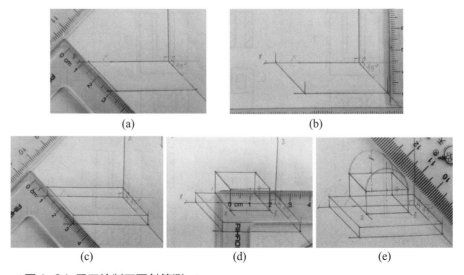

(a)   (b)

(c)   (d)   (e)

图4-24 手工绘制正面斜等测

4. 水平斜等测

水平斜等测可以看成是组合体的水平面保持形状不变的情况下，逆时针旋转30°（或45°），绘制成的轴测图。因为它的效果类似于鸟瞰图，有俯瞰整体的效果，所以广泛应用于小区、环境及室内整体装饰效果的表现上，如图4-25所示。

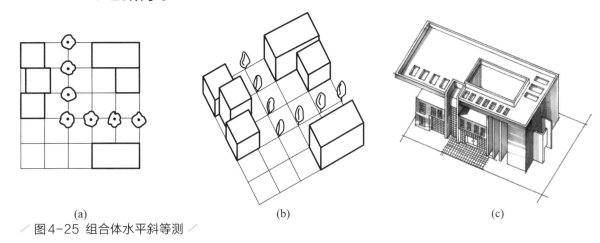

(a)   (b)   (c)

图4-25 组合体水平斜等测

下面以图4-26所示组合体为例进行水平斜等测的绘制。

（1）识读三面投影想象空间形体。通过识读图4-26所示组合体的正立面图和平面图，可以看出这是一个叠加型的组合体，左后方较高四棱柱的右前方叠加了一个较矮六棱柱。

（2）选择轴测图的类型，画出轴测轴。这个组合体很像两个紧挨着的建筑物，选择水平斜等测来表现它们的组合关系，可以表现出从空中俯瞰的效果，因此选择轴测图的类型为水平斜等测。首先画出水平斜等测的轴测轴，如图4-27所示。

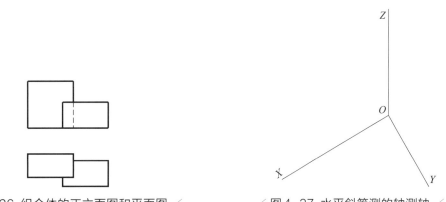

图4-26 组合体的正立面图和平面图   图4-27 水平斜等测的轴测轴

（3）画出底面形状。如图4-28所示，将组合体的右后下角放到投影体系的原点（O点）上，依次画出六棱柱的下底面（0、1、2、3、4、5六个角点）和四棱柱的下底面（6、7、8及2四个角点）。长度平行于OX轴，宽度平行于OY轴。长度和宽度的数值没有尺寸标注，可以通过量取平面图相应部分的轴向尺寸进行绘制。

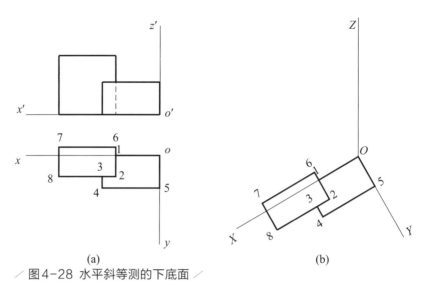

(a)   (b)

图 4-28 水平斜等测的下底面

（4）起高度、量高度。在下底面每一个转折的点起平行于 OZ 轴的高度线，高度的方向是垂直向上的。然后在某个高度线上量取四棱柱的高度，如图4-29所示。

（5）封顶。按照量好的高度，依次绘制完成下底面的平行面——四棱柱及六棱柱的顶面，完成顶面的绘制，如图4-30所示。

（6）擦掉不可见的线，加深可见轮廓线。通过分析，擦掉不可见的线，加深可见的轮廓线，完成组合体的水平斜等测的绘制，如图4-31所示。

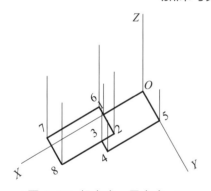

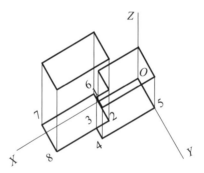

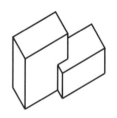

图 4-29 起高度、量高度   图 4-30 组合体封顶   图 4-31 组合体的水平斜等测

知 识   **鸟瞰图**

链 接   鸟瞰图是指从高处某一点俯视地面成的立体图。简单地说，就是在空中俯视某一地区所看到的图像，比平面图更有真实感。鸟瞰图有透视图（4-32a）和轴测图（图4-32b）两大类。

        规划设计图中要表现出鸟瞰图的效果一般采用水平斜等测。水平斜等测适宜用来绘制一个区域的总平面图，它可以反映出一个

区域中各建筑物、道路、设施等的平面位置及相互关系，以及建筑物和设施等高度。水平斜等测利用空间坐标轴将所画区域定位在三维空间中，每个点都能在坐标轴中表达定点，而且是唯一的，不像鸟瞰透视图，由于近大远小的原因，远处的物体可以忽略掉。水平斜等测中所显示的区域每一处都必须表达清楚，这一特点使得水平斜等测非常适合较小区域鸟瞰图的绘制，如图4-32b所示。

 (a) 鸟瞰透视图　　　　　　　　　　　　 (b) 鸟瞰轴测图

图4-32 房屋的鸟瞰图

单元小结

　　轴测图是一种单面投影，在一个投影面上能同时反映出物体三个坐标面的形状，并接近于人们的视觉习惯，形象、逼真，富有立体感。但轴测图一般不能反映出物体各表面的实形，度量性差，同时作图步骤较复杂。因此，在工程上常把轴测图作为辅助图样，用来说明管道的安装、使用等情况，我们在建筑和装饰设计中，可以用轴测图帮助构思、想象物体的形状，以弥补三面投影缺乏立体感的不足。因此，轴测图和三面投影的学习是相辅相成的，三面投影是关键，轴测图是补充。

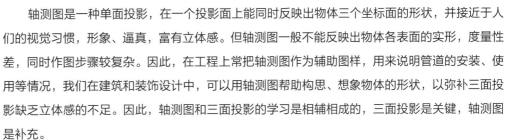

剖面图

和

断面图

在工程图中，物体上可见的轮廓线用实线表示，不可见的轮廓线用虚线表示。当物体的内部构造复杂时，投影中就会出现很多虚线，给画图、读图带来不便，也容易产生差错。此外，工程上还常要求表示出建筑构件的某一部分形状及所用建筑材料。为了解决以上问题，可以假想将物体剖开，让它的内部构造显露出来，使物体的不可见部分变成可见部分，从而可以用实线表示其内部形状和构造。本单元就是学习这种视图表现方法，将来在施工图的识读和绘制时都是非常有用的。

5.1

剖面图

学习目标　· 了解剖面图的形成和投影特点；
　　　　　　　· 掌握剖面图的分类及画法。

　　剖面图是假想用一个剖切面将物体剖开，移去位于观察者和剖切面之间的部分，把剩余部分向投影面投射得到的正投影。图5-1所示为某建筑的剖切示意图。剖面图一般用于工程施工图和构件的细部设计，补充和完善设计文件。它是工程施工图和装饰设计中的详图设计，用于指导工程施工作业和构件加工。

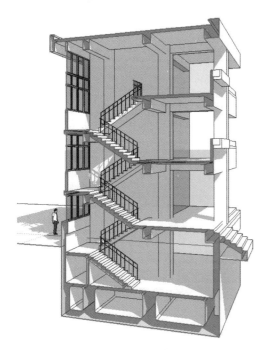

图5-1 某建筑的剖切示意图

一、剖面图的形成

　　在画形体投影时，形体上不可见的轮廓线的投影需用虚线画出。假想将形体剖开，让它的内部构造显露出来，使形体的不可见部分变为可见部分，从而可以用实线更清晰地表示其内部形状。如图5-2所示的杯形基础，假想用一个平行于V面的P平面将基础沿着前后对称平面剖开，移走观察者与P平面之间的部分，将剩余部分从前向后向V面投射，得到的就是基础的正立面的剖面图。

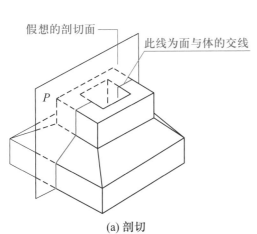

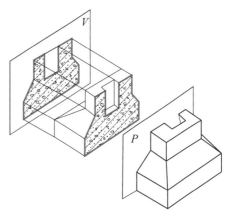

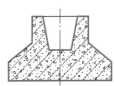

(a) 剖切　　　　　　　　(b) 剖切后投射　　　　　(c) 剖面图

图5-2 杯形基础剖面图的形成

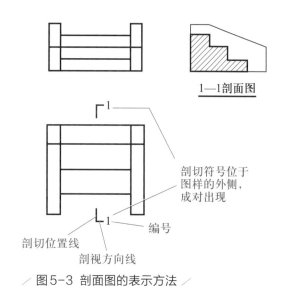

图5-3 剖面图的表示方法

剖切符号位于图样的外侧，成对出现

编号

剖切位置线

剖视方向线

二、剖面图的表示方法

剖切符号是表示图样中剖切位置与剖视方向的符号，由剖切位置线及剖视方向线组成，均以粗实线绘制。剖切位置线的长度宜为6～10 mm；剖视方向线应垂直于剖切位置线，长度应短于剖切位置线，宜为4～6 mm，表示投射（看）的方向。剖切符号的编号和剖面图的名称是一一对应的，宜采用阿拉伯数字，并应注写在剖视方向线的端部。剖面图的表示方法如图5-3所示。

三、剖面图的种类

剖面图主要用于表达物体的内部结构，是工程上广泛采用的一种图样。剖面图的剖切面数量、位置、方向和范围应根据物体的形状，特别是内部形状来选择。常用的剖面图种类及应用见表5-1。

表5-1 常用的剖面图种类及应用

种类	定义	图例	应用范围
全剖面图	用一个剖切面把物体全部剖开后所得到的剖面图	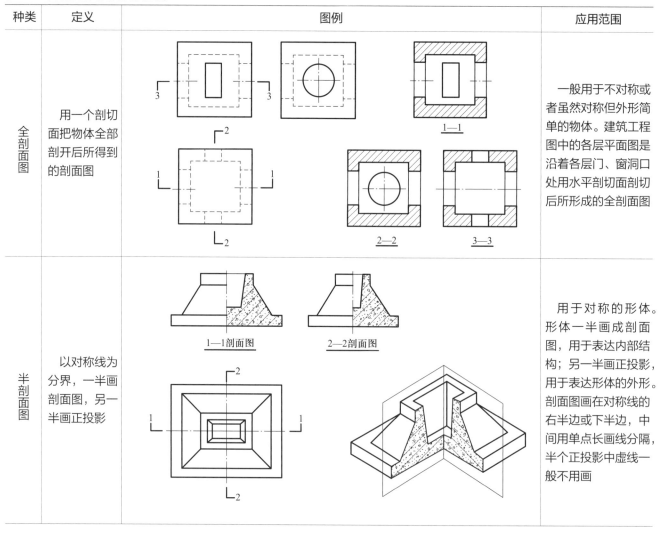	一般用于不对称或者虽然对称但外形简单的物体。建筑工程图中的各层平面图是沿着各层门、窗洞口处用水平剖切面剖切后所形成的全剖面图
半剖面图	以对称线为分界，一半画剖面图，另一半画正投影		用于对称的形体。形体一半画成剖面图，用于表达内部结构；另一半画正投影，用于表达形体的外形。剖面图画在对称线的右半边或下半边，中间用单点长画线分隔，半个正投影中虚线一般不用画

种类	定义	图例	应用范围
局部剖面图	用局部剖切的方法表示其内部构造	$\phi 4@200$	某些局部构造比较复杂时，可只把物体的局部剖切，表示其内部构造。剖切范围用波浪线表示，一般不再进行标注
阶梯剖面图	用两个或两个以上相互平行的平面剖切物体所得到的剖面图	1—1	用一个剖切面不能表达清楚物体上需要表达的内部结构时，使用阶梯剖面图
展开剖面图	用两个或两个以上的相交平面剖切物体所得到的剖面图	1—1剖面图(展开)	用一个或两个平行的剖切面剖切物体无法将各部分的形状、尺寸真实表达清楚时，使用展开剖面图
分层剖面图	用分层剖切的方法表示其内部构造，按层次用波浪线将各层投影分开		用于表示墙面、楼（地）面和屋面的构造做法

四、剖面图的绘制步骤

1. 选择剖切面

剖切面的选择包括位置和数量的选择。选择的剖切面应平行于投影面，并且通过形体的对称面或孔的轴线。一个形体需画几个剖面图，应根据形体的复杂程度而定。

如图5-4a所示的双柱杯形基础，通过两个对称轴分别用1—1位置的剖切面P和2—2位置的剖切面Q剖开后，分别向V面和W面投射，形成1—1剖面图和2—2剖面图，如图5-4b ~ e所示。

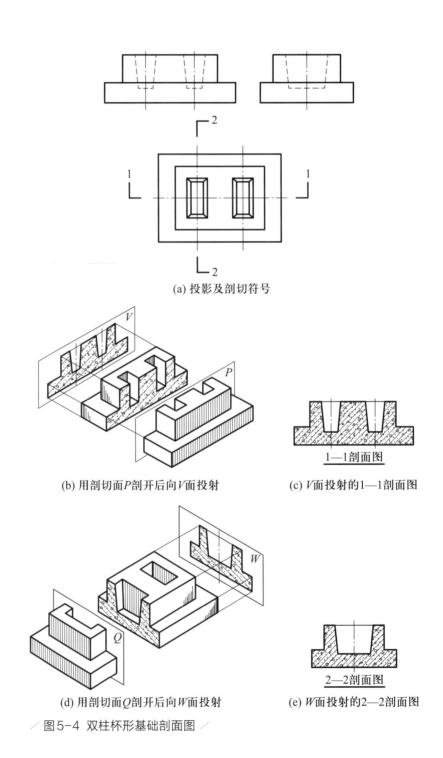

(a) 投影及剖切符号

(b) 用剖切面P剖开后向V面投射

(c) V面投射的1—1剖面图

(d) 用剖切面Q剖开后向W面投射

(e) W面投射的2—2剖面图

图5-4 双柱杯形基础剖面图

2. 画剖面图

剖面图除应画出被剖切面切到部分的图形外，还应画出沿投射方向看到的部分。被剖切面切到部分的轮廓线用粗实线绘制，剖切面没有切到，但沿投射方向可以看到的部分用中实线绘制。剖面图的编号和剖切符号的编号一致，如图5-4c、e所示。

3. 画材料图例

为区分形体的空腔和实体，构件与剖切面接触部分应画出材料图例，表明构件是用什么材料做的。在建筑及装饰工程图中，常用房屋建筑及装饰材料应按表5-2所示图例画法绘制。如未注明该形体的材料，应在相应位置画出同向、同间距并与水平线成45°角的细实线，称为剖面线。

表5-2 常用房屋建筑及装饰材料图例

名称	图例	备注
自然土壤		包括各种自然土壤
夯实土壤		
砂砾石、碎砖三合土		
石材		注明厚度
毛石		必要时注明石料块面大小及品种
实心砖、多孔砖		包括普通砖、多孔砖、混凝土砖等砌体，比例较小时可涂黑
轻质砌块砖		指非承重砖砌体
轻钢龙骨板材隔墙		注明材料品种
木工板		注明厚度
饰面砖		包括铺地砖、墙面砖、陶瓷锦砖等
多层板		注明厚度或层数
混凝土		1. 包括各种强度等级、骨料、添加剂的混凝土；
钢筋混凝土		2. 在剖面图上绘制表达钢筋时，则不需绘制图例线； 3. 断面图形较小，不易绘制表达图例线时，可填黑或深灰
多孔材料		包括水泥珍珠岩、沥青珍珠岩、泡沫混凝土、软木、蛭石制品等
纤维材料		包括矿棉、岩棉、玻璃棉、麻丝、木丝板、纤维板等

名称	图例	备注
泡沫塑料材料		包括聚苯乙烯、聚乙烯、聚氨酯等多孔聚合物类材料
木材		1. 上图为横断面，左上图为垫木、木砖或木龙骨 2. 下图为纵断面
胶合板		注明厚度或层数
石膏板		1. 注明厚度 2. 注明石膏板品种名称
金属		1. 包括各种金属，注明材料名称 2. 图形较小时，可填黑或深灰
网状材料		1. 包括金属、塑料网状材料 2. 应注明具体材料名称
液体		应注明具体液体名称
玻璃砖		注明厚度
玻璃		包括平板玻璃、磨砂玻璃、夹丝玻璃、钢化玻璃、中空玻璃、夹层玻璃、镀膜玻璃等
镜面	(立面)	注明材质、厚度
橡胶		
塑料		包括各种软、硬塑料及有机玻璃等
防水材料		构造层次多或绘制比例大时，采用上面的图例
地毯		注明种类
窗帘	(立面)	箭头所示为开启方向
粉刷		本图例采用较稀的点

常用材料图例画法使用时应符合下列规定：图例线应间隔均匀、疏密适度，做到图例正确、表达清楚；不同品种的同类材料使用同一图例时，应在图上附加必要的说明；两个相同的图例相接时，图例线宜错开或使倾斜方向相反，如图5-5所示；两个相邻的填黑或灰的图例间应留有空隙，其净宽度不得小于0.5 mm，如图5-6所示。

图5-5　相同图例相接时的画法

图5-6　相邻涂黑图例的画法

五、剖面图绘制实例

根据图5-7所示建筑形体的正立面图和2—2剖面图，绘制其1—1剖面图。

1. 识读图纸

根据图5-7所示正立面图和2—2剖面图，可以识读出物体的空间形态，在一面墙上有一个带窗套的窗口，如图5-8所示。墙面的四周是折断线，说明画出的只是墙面的一部分。1—1水平剖切面的剖切位置是在窗口的中上部分，2—2垂直剖切面的剖切位置是在窗口的偏右部分。

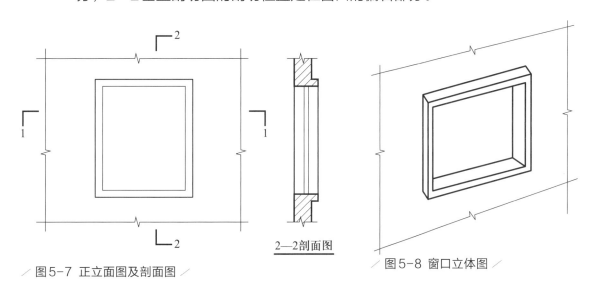

图5-7　正立面图及剖面图

2—2剖面图

图5-8　窗口立体图

2. 剖切窗口

按照剖切符号表示的位置，假想用剖切面切开物体，拿走观察者和剖切面之间的部分，如图5-9所示。

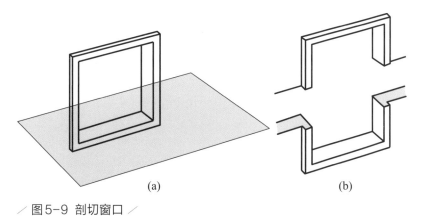

(a)　　　　　(b)

图5-9　剖切窗口

103

3. 绘制剖切后的投影

画出剩余部分的水平投影。根据窗口的正立面图确定1—1剖面图中窗口的长度，再根据2—2剖面图确定1—1剖面图中窗口的宽度，如图5-10a所示。剖切到部分的轮廓线绘成粗实线，看到部分的轮廓线绘成中实线，剖切到的部分内部填上材料图例，图下加上图名。如图5-10b所示，这个1—1剖面图就完成了。

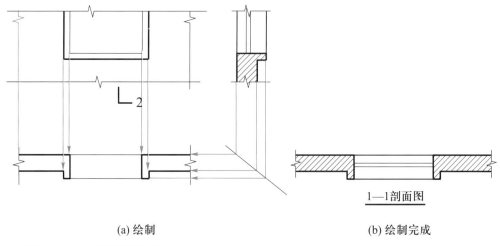

(a) 绘制   (b) 绘制完成

图5-10 1—1剖面图绘制

5.2 断面图

学习目标
· 了解断面图的形成和投影特点；
· 了解断面图与剖面图的区别；
· 掌握断面图的画法。

一、断面图的形成

假想用剖切平面将物体切断，仅画出该剖切平面与物体接触部分即断面的形状，并在该图形内画上相应的材料图例，这样的图形称为断面图，如图5-11所示。对于某些单一的杆件或需要表示某一部位的截面形状时常用断面图。

二、断面图表示方法

断面图常用来表示建筑及装饰工程中梁、板、柱、造型等某一部位的断

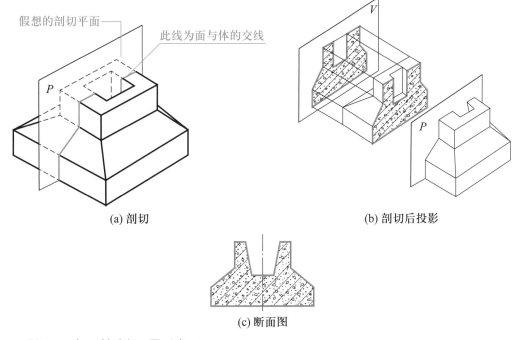

(a) 剖切　　　　　　　　　　　　　(b) 剖切后投影

(c) 断面图

图5-11 杯形基础断面图形成

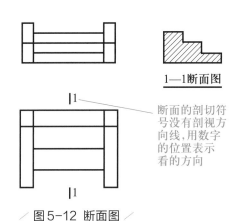

1—1断面图

断面的剖切符号没有剖视方向线,用数字的位置表示看的方向

图5-12 断面图

面形状。断面图的剖切符号仅由剖切位置线和编号两部分组成,不画投射方向线,而以编号写在剖切位置线的一侧表示投射方向。剖切位置线仍用粗实线绘制,长度为6~10 mm。断面图剖切符号的编号注写在剖切位置线的右侧,则表示投射方向为从左向右。在断面图的下方或一侧也应注写相应的编号,如"1—1断面图",并在图名下画粗实线,如图5-12所示。

三、断面图与剖面图比较

断面图和剖面图都是通过一个剖切面在合适的位置把物体切开后,移去位于观察者和剖切面之间的部分,对剩余部分所画的正投影图。但两者在剖切符号、剖面图的内容等方面有些区别。

1. 剖面图中包含着断面图

剖面图是画剖切后物体剩余部分的投影,除画出截断面的图形外,还应画出沿投射方向所能看到的其余部分;而断面图只画出物体被剖切后断面的投影。因此,剖面图中包含着断面图,如图5-13所示。

2. 剖切符号表示方法不同

剖面图的剖切符号要画出剖切位置线、投射方向线;断面图的剖切符号只画剖切位置线,投射方向用编号所在的位置来表示。

3. 剖切面数量不同

通常画剖面图是为了表达物体的内部形状和结构,断面图则常用来表示物体中某一局部的断面形状。因此对于某一个物体,一般剖面图可采用多个

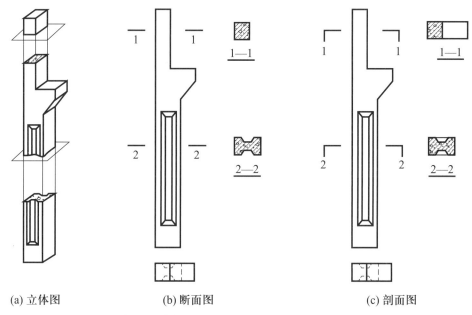

| (a) 立体图 | (b) 断面图 | (c) 剖面图 |

／ 图 5-13 断面图和剖面图比较 ／

剖切面，而断面图只使用单一剖切面。

四、断面图种类

　　断面图主要用来表示物体某一部位的断面形状。根据断面图在视图中的位置不同，分为移出断面图、中断断面图和重合断面图，见表 5-3。

表 5-3 断面图种类及应用

分类	定义	图例	绘制要求
移出断面图	画在基本视图轮廓线以外的断面图		一般应标注剖切符号和断面图名称。断面图的轮廓线用粗实线画出，可以画在剖切面的延长线上或其他适当的位置
中断断面图	构件较长且断面对称时，断面图画在构件基本视图的中断处		断面图的轮廓线用粗实线绘制，基本构件基本视图的中断处用波浪线或折断线绘制，此时不画剖切符号，图名还用原图名

106

分类	定义	图例	绘制要求
重合断面图	断面图直接画于基本视图中，两者重合在一起	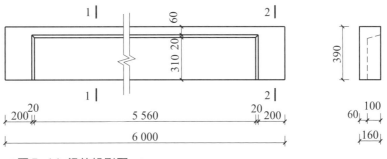	断面轮廓线用粗实线绘制，可以是闭合的（上图），也可以是不闭合的（下图）。不闭合时应于断面轮廓线的内侧加画图例符号。下图所示不闭合的断面轮廓线，表现出了墙面的凹凸变化

五、断面图画法

根据图5-14所示的梁的正立面投影和侧立面投影，在剖切位置延长线上画出移出断面图。

图5-14 梁的投影图

1. 识读图纸

根据正立面投影和侧立面投影，将两个图"高平齐"进行识读，想象出空间立体。这根梁断面在两端是矩形，在中间部分的前侧挖了一个四棱台。也就是中间部分的断面变成了倒L形。从左向右看时，中间部分不可见，所以在侧立面投影中用虚线表示。

2. 绘制断面图

根据侧立面投影的宽度和高度尺寸，按照断面图投射方向在剖切位置延长线上画出移出断面图，如图5-15所示。

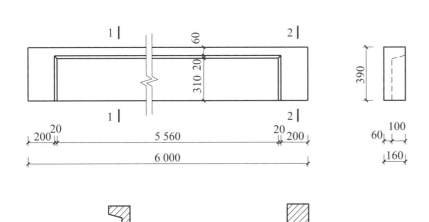

图5-15 梁的移出断面图

剖切符号的国际通用表示方法

前面学习的剖切符号采用的是常用表示方法，剖切符号的国际通用表示方法如图5-16所示，同一套图纸应选用同一种表示方法。

采用国际通用剖视表示方法时，剖面及断面的剖切符号应符合下列规定：

1. 剖面剖切索引符号应由直径为8~10 mm的圆和水平直径以及两条相互垂直且外切圆的线段组成。水平直径上方应为索引编号，下方应为图纸编号，线段与圆之间应填充黑色并形成箭头表示剖视方向。索引符号应位于剖线两端。断面及剖视详图剖切符号的索引符号应位于平面图外侧一端，另一端为剖视方向线，长度宜为7~9 mm，宽度宜为2 mm。

2. 剖切线与符号线线宽应为0.25 b。

3. 需要转折的剖切位置线应连续绘制。

4. 剖号的编号宜由左至右、由下向上连续编排。

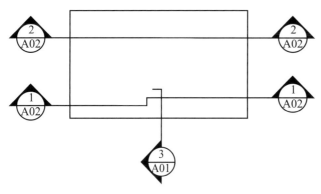

图5-16 剖切符号的国际通用表示方法

单元小结

剖面图与断面图在施工图中的功能极其重要，只有学好剖面图与断面图的知识，将来才能真正看懂施工图。

实操
实练

建筑施工图

建筑施工图是用来表示房屋的规划位置、外部造型、内部布置、内外装修、细部构造、固定设施及施工要求等的图纸。它包括施工图首页、总平面图、平面图、立面图、剖面图和详图等，是学习装饰施工图的基础。

建筑施工图概述

· 了解房屋的组成及作用;
· 了解建筑施工图的内容;
· 掌握建筑平面图、立面图、剖面图和详图的识读方法。

一、房屋的组成及作用

房屋是供人们日常生产、生活和工作的主要场所。房屋由基础、墙和柱、屋顶、门窗、楼板和楼梯等基本构件组成，其基本构造见表6-1。

表6-1 房屋的基本构造

构造	图片	简介
基础		房屋埋在地面以下的最下方承重构件，承受着房屋的全部荷载，把这些荷载传给地基。基础根据构造形式分为独立基础、条形基础和满堂基础等
墙或柱		建筑物的竖向构件，起承重、围护、分隔及美化室内空间的作用。承重墙或柱承受着由屋顶或楼板层传来的荷载，并将其传给基础。外墙抵御自然界各种不利因素对室内的侵袭，内墙起分隔建筑内部空间的作用
屋顶		房屋最顶部起覆盖作用的围护结构，用于防风、雨、雪、日晒等对室内的侵袭。屋顶又是房屋顶部的承重结构，用于承受自重和作用于屋顶上的各种荷载，并将这些荷载传给墙或梁柱
楼地面		建筑物的水平分隔构件，也起承重作用，承受人及家具设备和构件自身的荷载，并将这些荷载传给墙或梁柱，同时还对墙体有水平支承的作用，增强建筑物的刚度和整体稳定性

构造	图片	简介
楼梯		供人们上下楼层和安全疏散，是建筑的垂直交通联系设施。楼梯主要由楼梯段、楼梯平台及栏杆扶手三部分组成。楼梯也有承重作用，但不是基本承重构件
门和窗		均属于非承重的建筑配件。门是建筑物及其房间出入口的启闭构件，供人们通行和分隔房间，有时也可采光和通风。窗主要作用是采光和通风，同时还有分隔和围护作用
勒脚		为了防止雨水反溅到墙面，对墙面造成腐蚀破坏，结构设计中对窗台以下一定高度范围内进行外墙加厚，或特殊饰面处理这个构造部位称为勒脚
散水		指紧邻房屋外墙四周的室外地坪上，用片石砌筑或用混凝土浇筑的有一定坡度的散水坡。散水的作用是迅速排走勒脚附近的雨水，避免雨水冲刷或渗透到地基，防止基础下沉，以保证房屋的坚固耐久
女儿墙		又名压檐墙，是屋面与外墙衔接处理的一种方式，作为屋顶上的栏杆或房屋外形处理的一种措施，作用是保护人员的安全，并对建筑立面起装饰作用

除此之外，房屋还有阳台、雨篷、台阶、天沟、雨水管、烟道、通风道等构件和设施，在房屋中根据使用要求分别设置，如图6-1所示。

二、建筑施工图的内容

1. 施工图的分类

施工图根据所表达的内容和工种不同分成不同种类的专业图，见表6-2。

建筑装饰专业离不开建筑专业、结构专业、设备专业，各专业之间都是协调配合、相辅相成的。本模块以建筑施工图、建筑装饰施工图为主进行学习。

2. 建筑施工图的特点

（1）大多数图样用正投影法绘制。

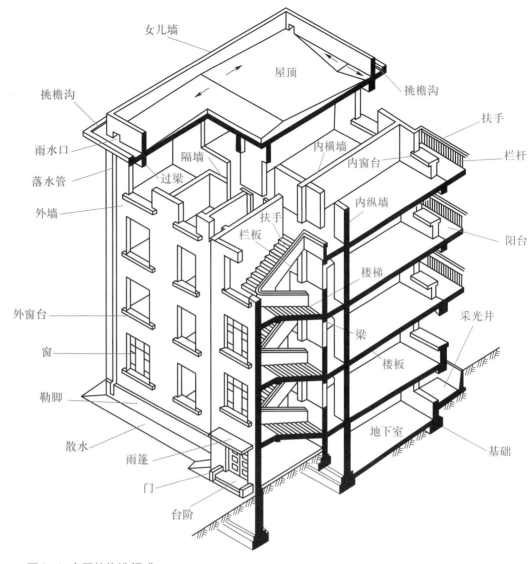

图6-1 房屋的构造组成

表6-2 施工图的分类

分类	简称	定义	具体图纸
建筑施工图	建施	表达建筑物的规划位置、外部造型、内部各房间的布置、内外装修构造和施工要求的图纸	施工图首页
			建筑总平面图
			建筑设计说明
			建筑平面图
			建筑立面图
			建筑剖面图
			建筑详图（外墙身详图、楼梯详图等）
结构施工图	结施		结构设计说明

分类	简称	定义	具体图纸
结构施工图	结施	表达建筑物承重结构的结构类型、结构布置，构件种类、数量、大小及做法的图纸	结构平面布置图
			基础平面图
			柱网平面图
			楼层结构平面图
			屋顶结构平面图
			结构详图（基础断面图、楼梯结构施工图等）
设备施工图	设施	表达建筑物的给排水、暖气通风、供电照明等设备的布置和施工要求的图纸	给排水设备的管道平面布置图、管道系统图、管道安装详图和图例、施工说明
			暖气通风设备的管道平面布置图、管道系统图、管道安装详图和图例、施工说明
			供电照明线路平面布置图、线路系统图、线路安装详图和图例、施工说明
建筑装饰施工图	装施	表达建筑物室内外装饰设计施工要求的图纸	建筑装饰设计说明
			原始平面图
			装饰平面图、平面改建图、地面铺装图等
			顶棚平面图
			装饰立面图
			建筑装饰详图（局部大样图、节点详图）

（2）用缩小的比例绘制。建筑施工图常用的绘图比例是1：100，也可选用1：50或1：200，总平面图的绘图比例一般为1：500、1：1 000或1：2 000，详图的绘图比例较大一些，如1：2、1：5、1：10、1：20、1：30等，建筑施工图绘制时都是使用缩小的比例。

（3）用图例符号来表示房屋的构配件和材料。由于绘图比例较小，房屋的构配件和材料都是用图例符号表示，因此熟悉建筑的相关图例是识读建筑施工图的前提。

3. 建筑施工图的识读方法

为了便于查阅图纸和档案管理，方便施工，一套完整的建筑施工图总是按照一定的次序进行编排装订：基本图在前，详图在后；先施工的在前，后施工的在后；重要的在前，次要的在后。在识读时要遵循以下方法：

（1）识读建筑施工图要求具备正投影的基本知识，掌握正投影的基本规律。

（2）熟悉施工图中常用的图例、符号、线型、尺寸和比例的含义。

（3）熟悉各种用途房屋的构造组成的基本情况。

（4）阅读时要从大局入手，按照施工图的编排次序，由粗到细、前后对照阅读。

三、建筑施工图专业名词

除单元1介绍的《房屋建筑制图统一标准》《建筑制图标准》中的建筑制图基本知识外，识读和绘制建筑施工图还要掌握以下内容。

1. 定位轴线

定位轴线用单点长画线绘制，轴线端部画细实线圆圈，直径为8～10 mm。定位轴线应编号，宜标注在图样的左侧和下方，或在图样的四面标注。竖向编号采用大写英文字母，A、B、C、…从下至上顺序编写，不得采用I、O、Z三个字母，以免与阿拉伯数字中1、0、2三个数字混淆。横向编号采用阿拉伯数字，从左至右顺序编写。附加定位轴线的编号应以分数形式表示，如图6-2中的"1/B"，表示B轴和C轴之间的第一根附加轴线。

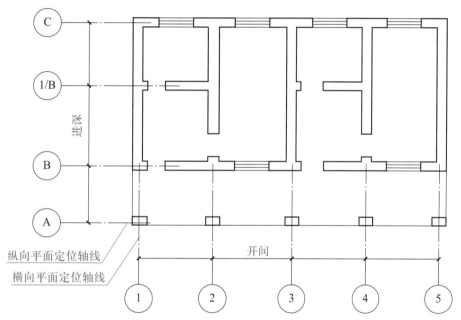

图6-2　定位轴线及编号方法

2. 标高符号

标高符号（图6-3）以等腰直角三角形表示，用细实线绘制，尖端指在被标注高度的位置，尖端宜向下，也可向上。标高数字注写在标高符号的上侧或下侧，标高数字以米为单位，总平面图注写到小数点后第二位（图6-3a），其余图纸均注写到小数点后第三位（图6-3b～e）。在建筑施工图中宜取首层室内装饰地坪完成面为 ±0.000。在房屋建筑室内装饰装修中，标高是以本层室内地坪装饰完成面为 ±0.000基准点，至该空间各装饰装修完成面之间的垂直高度。装饰的标高符号除了建筑上通用的表示方法外，也可采用涂黑的三角形或90°对顶角的圆，标注顶棚标高时，也可采用CH符号表示（图6-3f～h）。

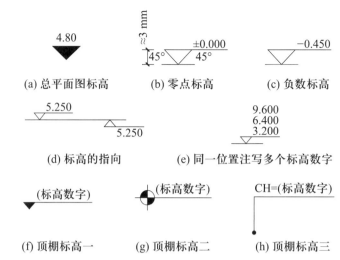

(a) 总平面图标高   (b) 零点标高   (c) 负数标高

(d) 标高的指向   (e) 同一位置注写多个标高数字

(f) 顶棚标高一   (g) 顶棚标高二   (h) 顶棚标高三

图6-3 标高表示方法

3. 索引符号和详图符号

在建筑施工图中,有时会因为比例问题而无法表达清楚某一局部,为方便施工需另画详图,用索引符号索引。索引符号和详图符号中的详图编号是一一对应的,如图6-4所示。

索引符号由直径为8~10 mm的圆和水平直径组成。圆和引出线均以细实线绘制,上半圆中注明该详图的编号,下半圆中注明该详图所在的图纸号。如果详图与被索引的图样在同一张图纸内,则在下半圆中间画一水平细实线。当索引符号用于索引剖面详图时,应在被剖切的位置绘制剖切位置线,并以引出线引出索引符号,引出线所在的一侧为剖视方向,如图6-4所示。

详图符号的圆的直径为14 mm,用粗实线绘制。

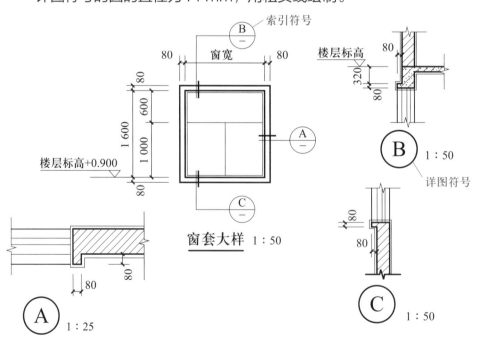

图6-4 索引符号和详图符号

图6-5 指北针

4. 指北针

在总平面图、底层平面图上一般都画有指北针，以指明建筑物的朝向。指北针形状如图6-5所示。圆的直径宜为24 mm，用细实线绘制。指针尾部的宽度宜为3 mm，需用较大直径绘制指北针时，指针尾部的宽度宜为圆的直径的1/8。指针涂成黑色，针尖指向北方，并注"北"或"N"字。

四、建筑构造及建筑配件图例

建筑中常见的构造及配件的图例见表6-3。门的名称代号一般用M表示，平面图中开启线应绘制成45°、60°或90°开启状态，用中实线绘制，也可用细实线绘制门的轮廓线；开启弧线用细实线绘制。立面形式按实际情况绘制，立面图中用斜线表示门的开启线，实线为外开，虚线为内开。开启线交角的一侧为安装合页的一侧。窗的名称代号用C表示，窗的立面形式按实际情况绘制。

表6-3 建筑构造及建筑配件图例

名称	图例	名称	图例
楼梯	顶层 中间层 底层	坡道	两侧垂直 有挡墙 两侧找坡
孔、洞	不加阴影则为坑槽	台阶	
烟道	与墙体为相同材料的,连接处墙身线应连通	风道	
墙预留洞、槽	宽×高或φ 标高 预留洞 宽×高或φ×深 标高 预留槽	空门洞	h=

名称	图例	名称	图例
单面开启单扇门		墙外单扇推拉门	
单面开启双扇门		墙中双扇推拉门	
竖向卷帘门		自动门	
折叠门		旋转门	
双层推拉窗		单层外开平开窗	
固定窗		高窗	
上悬窗		上推窗	

6.2 建筑平面图

学习目标　·了解建筑平面图的形成、作用及图示内容；
　　　　　　·掌握建筑平面图的识读方法；
　　　　　　·掌握建筑平面图的绘制方法。

一、建筑平面图的形成

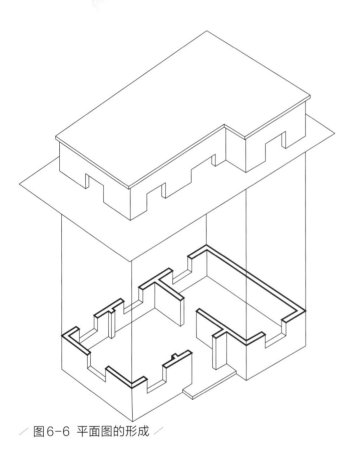

图6-6　平面图的形成

建筑平面图是用一个假想的水平面沿窗洞口以上的位置水平剖切后，移去上面部分，向下投射绘制出的水平剖面图，简称平面图，如图6-6所示。图中的房屋为学校传达室，本单元以它的建筑施工图为例介绍建筑平面图、立面图和剖面图的绘制方法，并进行模型制作训练。

一般每层要画一个平面图，如底层平面图、二层平面图、三层平面图、屋顶平面图等，如果中间各层完全相同，可只画一个平面图，称为标准层平面图。底层平面图、屋顶平面图与标准层平面图的主要区别是：首先，各层楼梯图例不同，底层只有上没有下，中间各层有上有下，而顶层只有下没有上，见表6-3中的楼梯图例；其次，各层标高不同；再次，底层平面图上还应画出室外的台阶、雨水管、散水、指北针等，而标准层平面图只表示下一层的雨篷、遮阳板等，屋顶平面图反映屋面排水情况（如排水分区、排水方向、屋面坡度、水落口的位置等）和凸出屋面构造的位置。

二、建筑平面图的图示内容及表示方法

1. 建筑平面图的图示内容

在建筑平面图中一般要包括以下方面的内容，根据具体项目的实际情况不同，图纸会有所不同，如图6-7所示。

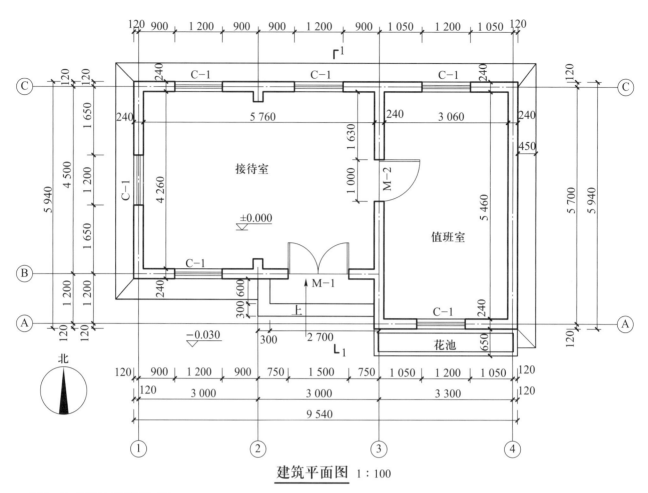

建筑平面图 1:100

图6-7 传达室建筑平面图

（1）建筑构件及设备。墙、柱、门窗、电梯、楼梯、阳台、雨篷、踏步、斜坡、通气竖道、管线竖井、烟囱、消防梯、雨水管、散水、排水沟、花池、地下室、地坑、地沟、各种平台、阁楼（板）、检查孔、墙上留洞、高窗等。卫生器具、水池、工作台、厨柜、隔断及重要设备。

（2）尺寸和标高。室内外的有关尺寸及室内楼地面的标高（底层地面为±0.000）。

（3）符号和标注。轴线编号、门窗编号、房间的名称或编号、剖切符号、索引符号、指北针（一般只标注在底层平面图上）等。

屋顶平面图一般还包括女儿墙、檐沟、屋面坡度、分水线与水落口、变形缝、楼梯间、水箱、天窗、上人孔、消防梯及其他构筑物等，如附录2的建施-6所示。

2. 建筑平面图的表示方法

（1）定位轴线。凡是承重的墙、柱，都必须标注定位轴线，并按顺序予以编号。

（2）图线。凡被切到的墙、柱断面轮廓线用粗实线绘制，没有切到的可见轮廓线用中实线绘制。尺寸线、尺寸界线、引出线、图例线、索引符号、标高符号等用细实线绘制，轴线用细单点长画线绘制。

（3）比例和图例。平面图常用1∶50、1∶100、1∶200的比例绘制。

（4）剖切符号和索引符号。一般在底层平面图中应标注剖面图的剖切位置线和投射方向，并标注编号，如图6-7中的1-1剖切符号。凡用标准图集或另有详图表示的构配件、节点，均需画出详图索引符号，以便对照阅读。

（5）平面图的尺寸标注。包括外部尺寸、内部尺寸。外部尺寸一般包括三道：里边一道标注门窗洞口、墙体等细部尺寸；中间一道标注轴线间距；第三道标注总尺寸。细部尺寸离墙轮廓线较近，总尺寸离墙轮廓线较远。

（6）指北针。一般在底层平面图中要画出指北针符号，以表明房屋的朝向。

三、建筑平面图的识读步骤

建筑平面图的识读应从总体到局部，先通过图名、比例及文字说明掌握图纸的大致内容；然后通过纵横定位轴线及房间名称，了解房屋的平面形状和总尺寸，房间的布置、用途及交通联系，房屋的开间、进深、细部尺寸和室内外标高，对建筑有进一步的了解；最后通过识读门窗的布置、数量及型号，房屋细部构造和设备配置，剖切位置及索引符号，以及由此联系其他图纸进一步识读。

四、建筑平面图的绘制

亲自动手绘制施工图，才能把房屋的内容及设计意图理解得更正确、清晰。同时，可以深入了解房屋的构造，提高识读建筑施工图的能力。绘制施工图时，要认真细致，做到投影正确、表达清楚、尺寸齐全、字体工整、图样布置紧凑、图面整洁清晰、符合制图规定。

1. 绘制建筑施工图注意事项

（1）熟悉房屋概况，确定图样比例和数量。

（2）选择合适大小的图幅，合理布置图面，用铅笔画底稿。

（3）注写尺寸、图名、比例和各种符号，检查无误后加深。铅笔加深或绘图笔上墨顺序：先画上部，后画下部；先画左边，后画右边；先画水平线，后画铅垂线或倾斜线；先画曲线，后画直线。相同方向、相同线型尽可能一次画完，以免三角板、丁字尺来回移动。相等的尺寸尽可能一次量出，同一方向的尺寸一次量出，这样可以提高绘图速度。

（4）清洁图面，擦去不必要的作图线和污痕。

2. 绘制平面图的步骤

（1）画定位轴线。按照轴线间的尺寸、选定的绘图比例，将定位轴线绘制在图纸上，如图6-8所示。

123

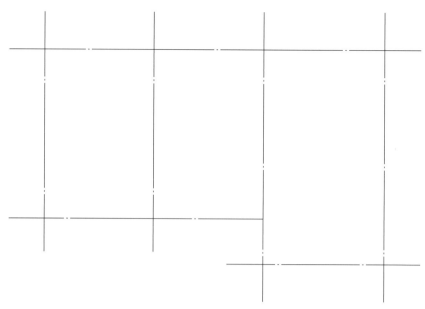

／ 图6-8 定位轴线 ／

（2）画墙、柱轮廓线。按照墙的厚度，依据定位轴线向轴线两侧放出墙、柱的轮廓线，如图6-9所示。

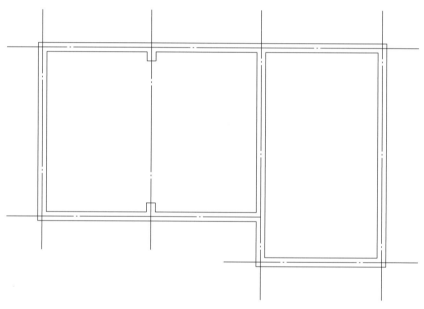

／ 图6-9 墙、柱轮廓线 ／

（3）定门窗洞口位置。按照轴线到门窗洞口两边的尺寸和门窗洞口的宽度，确定门窗洞口的位置。

（4）画细部。画剖切符号、尺寸线、标高符号、门的开启线和开启弧线等，如图6-10所示。

（5）检查底图，擦去多余图线，加深图线并完成平面图的绘制，如图6-7所示。

（6）绘制屋顶平面图。屋顶平面图是表明屋面排水情况和突出屋面构造位置的图样。一般根据建筑平面图绘制屋顶平面，如图6-11和图6-12所示。传达室的屋顶是平屋顶，挑檐出墙面500 mm，在建筑平面图的尺寸基础上进行绘制。

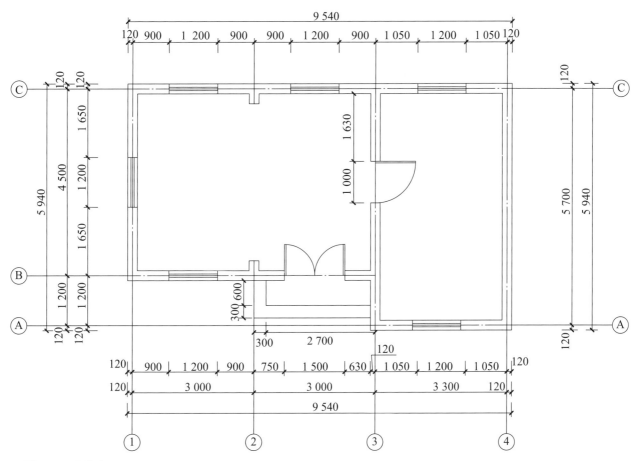

图6-10 画细部

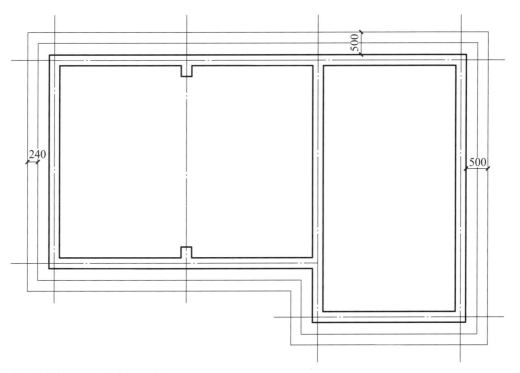

图6-11 根据墙体位置绘制屋顶轮廓

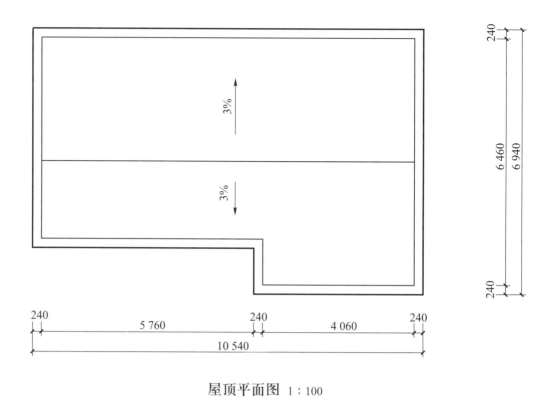

图6-12 屋顶平面图

6.3 建筑立面图

学习目标
· 了解建筑立面图的形成、作用及图示内容；
· 掌握建筑立面图的识读方法；
· 掌握建筑立面图的绘制方法。

一、建筑立面图的形成及命名

以平行于房屋外墙面的投影面，用正投影法绘制出的房屋外墙面的投影，称为建筑立面图，简称立面图，如图6-13所示。

建筑立面图主要反映建筑物的外形轮廓和各部分配件的形状及相互关系，还应标注外墙各部位的装饰材料、做法以及建筑各部分的标高。有定位轴线的建筑物宜根据两端定位轴线编号标注立面图名称，如①～⑩立面图、⑩～①立面图；无定位轴线的建筑物可按平面图各面的朝向确定名称：南立面图、北立面图、东立面图、西立面图等；或者根据房屋立面的主次命名为

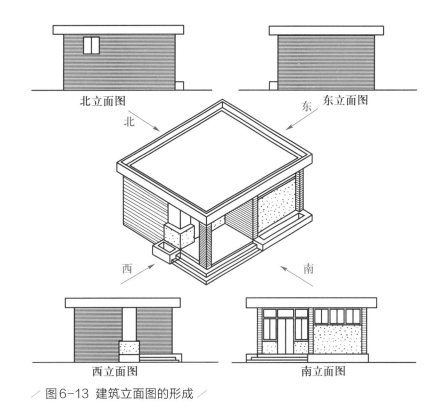

图6-13 建筑立面图的形成

正立面图、背立面图、左侧立面图、右侧立面图等。

二、建筑立面图的图示内容

1. 建筑物外墙及底层入口的内容

建筑立面图应画出建筑物外墙面上所有门窗、雨篷、檐口、壁柱、窗台、窗楣及底层入口处的台阶、花池等的投影，即立面图上应将所有看得见的细部都表示出来。但由于比例较小，所以一些细部如门窗扇、檐口、栏杆等，往往只用图例表示，其详细做法另有详图或文字说明。相同的门窗、阳台、外檐装修、构造做法等可在局部重点表示，绘出其完整图形，其余部分可只画轮廓线。如立面图中不能表达清楚，则可另用详图表达。房屋外墙面装修的做法一般在图中用文字说明。

2. 外墙主要部位的标高、尺寸

建筑立面图应标注室外地面、台阶、窗台、门窗顶、阳台、雨篷、檐口、屋顶等处的标高和尺寸。

竖直方向尺寸应标注建筑物的室内外地坪、门窗洞口上下口、台阶顶面、雨篷、屋檐下口、屋面、墙顶等处的标高，并应在竖直方向标注三道尺寸，如附录2的建施-7和建施-8所示。里边一道尺寸标注房屋的室内外高差、门窗洞口高度、垂直方向窗间墙高、窗下墙高、檐口高等尺寸；中间一道尺寸标注层高尺寸；外边一道尺寸为总高尺寸。立面图水平方向一般不注尺寸，但标出立面图最外两端墙的轴线及编号。

3. 节点详图的索引符号

外墙细部另用详图表达的，应标注详图的索引符号。

4. 定位轴线及编号、图名和比例

建筑立面图的比例与平面图一致，常用1∶50、1∶100和1∶200的比例绘制。

三、建筑立面图的识读及绘制

1. 建筑立面图识读

包括识读图名及比例，通过了解立面图与平面图的对应关系，了解房屋的外貌特征、竖向标高、房屋外墙面的装修做法等。外墙面装修做法也可以不注写在立面图中，以保证立面图的完整美观，而在建筑设计总说明中列出。

2. 建筑立面图的绘制

（1）画轴线、立面外轮廓线、主要面转折线。也可以从平面图中引出立面图的长度，从剖面图根据"高平齐"对应引出立面的高度及各部位的相应位置，如图6-14所示。

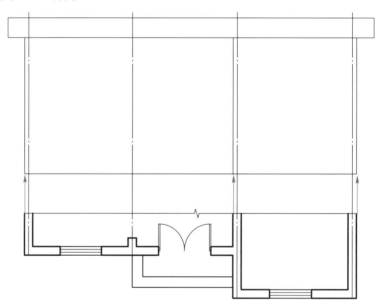

图6-14 画轴线、立面外轮廓线、主要面转折线

（2）定门窗洞口位置，如图6-15所示。

（3）画细部。画出门窗扇、装饰、墙面分格线、定位轴线，并注写标高、图名、比例及有关文字说明，如图6-16所示。

（4）经检查无误后，擦去多余作图线，按要求进行加深。为了加强图面效果，使外形清晰、重点突出，在立面图上往往选用各种不同线型：屋脊和外墙等最外轮廓线用中粗实线；凸出墙面的勒脚、窗台、门窗洞、檐口、阳台、雨篷、柱、台阶、花池等的轮廓线用中实线；其余如门窗扇、栏杆、雨水管、墙面分格线以及材料做法说明引出线等用细实线；地坪线用粗实线。

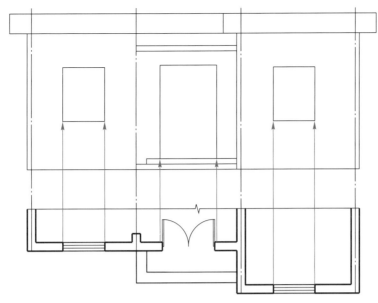

图6-15 定门窗洞口位置

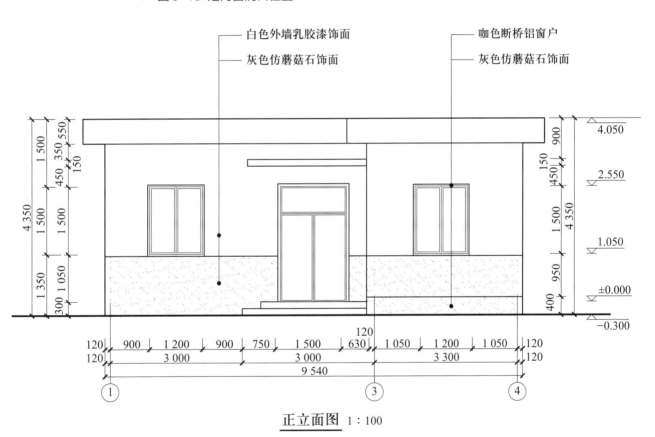

白色外墙乳胶漆饰面
灰色仿蘑菇石饰面
咖色断桥铝窗户
灰色仿蘑菇石饰面

正立面图 1:100

图6-16 建筑正立面

建筑剖面图

· 了解建筑剖面图的形成、作用及图示内容；
· 掌握建筑剖面图的识读和绘制方法。

一、建筑剖面图的形成及作用

1. 建筑剖面图的形成

　　假想用一个或多个垂直于外墙轴线的铅垂剖切面将房屋剖开，移去靠近观察者的部分，对留下部分所作的正投影称为建筑剖面图，简称剖面图。剖面图的图名应与底层平面图上标注的剖切符号编号一致，如图6-17所示1—1剖面图。

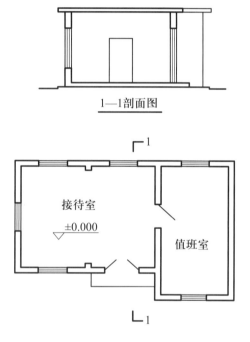

1—1剖面图

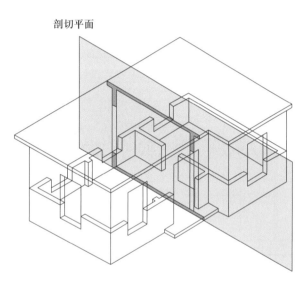

剖切平面

图6-17 建筑剖面图的形成

2. 建筑剖面图的作用

　　建筑剖面图主要用来表达房屋内部垂直方向的高度、楼层分层情况及简要的结构形式和构造方式。它与建筑平面图、立面图相配合，是建筑施工中不可缺少的重要图样之一。

二、建筑剖面图的图示内容及表示方法

1. 建筑剖面图的图示内容

　　（1）绘制出墙、柱及其定位轴线，建筑物的楼板层、内外地坪层、屋面层、被剖切到的物体，投射方向可见的构配件和固定设施等；各建筑部位的高度、房间的进深(或开间)、走廊的宽度(或长度)、楼梯类型等。

（2）绘制出主要楼面、屋面的梁、板与墙的位置和相互关系；用文字注明地坪层、楼板层、屋盖层的分层构造和工程做法。这些内容也可以在详图中注明或在设计说明中用文字说明。

（3）标出各部位完成面的标高和高度方向尺寸。

（4）建筑剖面图的剖切位置及剖视方向。剖面图的剖切位置是标注在同一建筑物的底层平面图上。剖面图的剖切位置应根据图纸的用途或设计深度，在平面图上选择有利于表现房屋内部复杂构造与典型做法的部位。应选择有代表性的部位剖切，且一般要通过门窗洞口、楼梯间，其数量可根据房屋的复杂程度和施工实际需要而决定。剖面图中一般不反映基础，用折断线省略。

2. 建筑剖面图的表示方法

（1）建筑剖面图的比例。剖面图与平面图、立面图应一致，即采用1：50、1：100和1：200的比例绘制，若画在同一张图纸上时，尽量满足"长对正、高平齐、宽相等"的投影关系。不在同一张图纸上，它们相互对应的尺寸也应相同。剖面图图名应与平面图上所标注的剖切符号一致，如1—1剖面图、2—2剖面图等，材料图例、线型选择、表示方法等也与平面图相同。当剖面图比例小于1：50时，则不画具体材料图例，而用简化的材料图例表示其构件断面的材料，如钢筋混凝土构件可在断面涂黑以区别砖墙和其他材料。

（2）建筑剖面图的线型。凡是被切到的墙、板、梁等构件的轮廓线用粗实线绘制；没被切到的其他构件的投影用中实线绘制；被切到部分内部的材料图例用细实线绘制。

三、建筑剖面图的绘制

下面以图6-18为例，说明剖面图的绘制步骤。

1. 画定位轴线、轮廓线

画定位轴线、室内外地坪线、各层楼面线和屋面线，并画墙身，如图6-19所示。

2. 定墙厚和门窗、楼梯位置

定墙厚和门窗、楼梯位置，画出细部，如门窗洞口、楼梯、梁板、雨篷、檐口、屋面、台阶等，如图6-20所示。

3. 检查、加深

经检查无误后，擦去多余线条，按施工图要求加深图线。画材料图例，注写标高、尺寸、图名、比例及有关的文字说明，如图6-18所示。

全部完成后的建筑平面图、立面图、剖面图和屋顶平面图如图6-21及附录1所示。

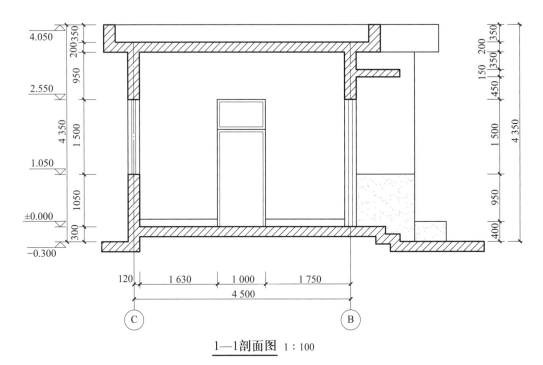

1—1剖面图 1 : 100

图6-18 建筑剖面图

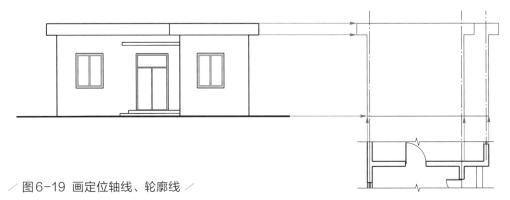

图6-19 画定位轴线、轮廓线

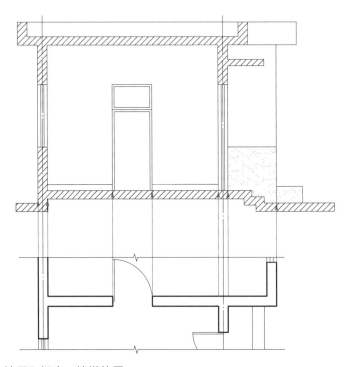

图6-20 定墙厚和门窗、楼梯位置

132

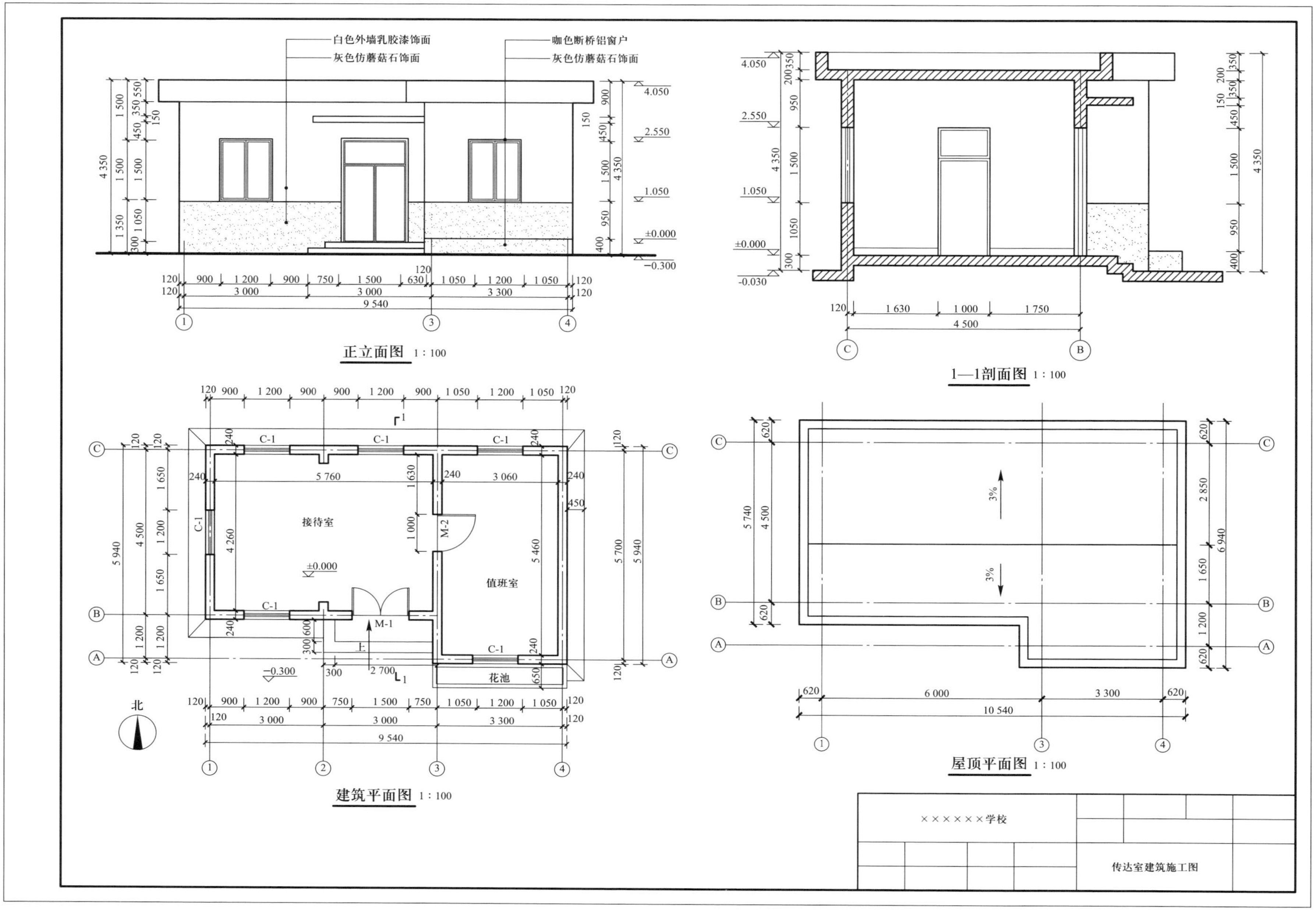

图6-21 传达室建筑施工图

技 能　　　 1．按照绘制的传达室图纸
训 练　　 制作模型。可以使用卡纸、KT板、
　　　　　　 中密度纤维板或者有机玻璃板等，
如图6-22所示为卡纸制作的模型。小组操
作，制作完成后自评及成员互评。

　　 2．识读附录2别墅建筑施工图，完成
《建筑装饰制图习题集》的相关练习。

／ 图6-22 建筑模型 ／

单元小结

　　 本单元以介绍房屋的组成及作用、建筑施工图的内容作为学习的基础，以建筑平面图、立面
图、剖面图和详图作为学习的重点。通过本单元的学习初步掌握基本的建筑施工图的绘制和识读
方法。

建筑装饰

施工图

建筑装饰施工图简称装饰施工图，是遵循建筑及装饰制图标准要求编制的用于指导装饰工程施工的技术文件，同时也是进行装饰工程造价管理、装饰工程监理等工作依据的主要技术文件。建筑装饰施工图按照施工范围分为室内装饰施工图和室外装饰施工图，本单元以室内装饰施工图为例进行绘制和识读方法的学习。

7.1 建筑装饰施工图概述

学习目标
· 了解建筑装饰施工图的特点和绘制方法；
· 了解建筑装饰施工图的内容；
· 掌握建筑装饰施工图的专业名词和常用图例。

建筑装饰施工图与建筑施工图的图示方法、尺寸标注、图例、符号等基本相同，也是用正投影法绘制的用于指导施工的图样，制图与表达均遵守现行建筑制图标准的规定。建筑装饰施工图是装饰设计人员向施工人员表达思想，进行交流的语言，是施工中分析问题和解决问题的依据，从事装饰设计和施工的人员都必须掌握其绘制和识读技能。

建筑装饰施工图是以精确、详细的文件和图纸表达建筑装饰施工方案，是建筑装饰方案的确定和深化，是现场施工方和监理方开展工作最直接的依据。建筑装饰施工图主要包括装饰平面图（原始平面图、平面布置图、顶棚平面图）、装饰立面图、装饰剖面图和装饰详图等，是编制施工组织计划及预算、安排工程施工及设备安装、进行工程验收及竣工核算的依据。它既反映了墙、地、顶棚三个界面的装饰构造、造型处理和装饰做法，又表示了家具、织物、陈设、绿化等的布置。

一、建筑装饰施工图的特点

建筑装饰施工图依据国家规定的建筑及装饰工程制图标准，在图纸幅面、线型画法、材料表达、索引符号、详图符号等方面都有具体的要求。总结起来装饰施工图具有以下特点：

1. 严谨、规范

装饰施工图是装饰施工的依据，对于完成后的设计质量及效果负有相应的技术责任。在项目投入使用后，施工图是进行维修、更新等的基础资料。一旦发生质量或使用事故，施工图是判断事故责任的主要依据之一，因此施工图的首要特点就是严谨和规范。

2. 复杂、完整

装饰施工图设计包括空间处理、立面造型、色彩、用料、细部构造等内容，并成为其他工种设计的基础，这就决定了施工图的图样数量众多、绘制复杂，识读有一定难度。但只要掌握了投影的规律和建筑装饰的相关图例，经过必要的绘制和识读训练都可以慢慢从入门到精通。

3. 平、立面施工图中可加画阴影和配景

有些项目工程（如小型规模室内装饰）为了使装饰效果的艺术感受或感染力能让施工人员了解和体会，允许在装饰施工图中画出体面转折的阴影和植物、陈设等用于装饰的配景。

二、装饰施工图的绘制方法

1. 确定图样数量

根据室内布置的复杂程度和施工的具体要求，决定绘制哪些图样。一般的装饰施工图包括原始平面图、平面布置图、顶棚平面图、主要房间的立面图、特殊部位的剖面图和详图。对施工图的内容和数量要做全面规划，防止重复和遗漏。复杂的装饰施工图还会专门绘制墙体改建图、地面铺装图、顶棚造型尺寸图、节点大样图等。

2. 选择图样比例

在保证图样能清晰表达内容的前提下，图样的比例应根据图样用途与被绘对象的复杂程度选取。常用比例宜为1:1、1:2、1:5、1:10、1:20、1:50、1:100等；可用比例为1:3、1:15、1:25、1:30、1:40、1:60、1:75等。绘图所用的比例，应根据房屋建筑室内装饰设计的不同部位、不同阶段的图纸内容和要求确定，一般应符合表7-1的规定。

表7-1 建筑装饰施工图所用比例

比例	部位	图纸内容
1:200 ~ 1:100	总平面、总顶面	总平面布置图、总顶棚平面布置图
1:100 ~ 1:50	局部平面、局部顶棚、不复杂的立面	局部平面布置图、局部顶棚平面布置图、立面图、剖面图
1:50 ~ 1:30	较复杂的立面	立面图、剖面图
1:30 ~ 1:10	复杂的立面	立面放大图、剖面图
1:10 ~ 1:1	需要详细表达的部位或重点部位	详图、节点图

3. 合理布置图面

图面布置包括图样、图名、尺寸、文字说明、表格等内容的布置。这些内容要主次分明、排列均匀、表达清晰。在图纸幅面许可的情况下，尽量将相同类型、关系密切，有投影对应关系的图样放在一张或连续排列的图纸上，以便对照查看。

同一张图纸上绘制若干个视图时，各视图的位置应根据视图的逻辑关系和版面的美观决定，如图7-1所示。

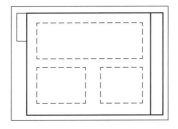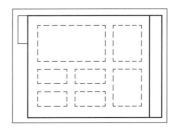

图7-1 常规图面布置方法

三、建筑装饰施工图的内容

1. 图纸的组成与排序

建筑装饰施工图一般有图纸目录、设计（施工）说明、平面布置图、地面铺装图、顶棚平面图、室内立面图、装饰剖面图、装饰详图等图纸，除此之外还包括给排水、电气（强电布置图、弱电布置图、开关插座图）、消防、暖通等相关专业图纸。其中设计（施工）说明、平面布置图、地面铺装图、顶棚平面图、室内立面图为基本图纸，表明施工内容的基本要求和主要做法。装饰剖面图、装饰详图为施工的详细图纸，用于表明内外材料选用、细部尺寸、凹凸变化、工艺做法等。图纸的编排也按照上述顺序排列。

2. 图纸目录和设计（施工）说明

一套图纸应有目录，装饰施工图也不例外。在第一页图的适当位置编排本套图纸的目录（有时采用A4幅面专设目录页），以便查阅。图纸目录包括图别、图号、图纸内容、采用标准图集代号、备注等，如图7-2所示。图号"ZS-01"中"ZS"是装饰施工图的简称，"01"即图纸的第一页。在建筑装饰施工图中，一般应将工程概况、设计风格、材料选用、施工工艺、工程做法、施工注意事项，以及施工图中不易表达或设计者认为重要的其他内容写成文字，编成设计说明（有时也称施工说明），如图7-3所示。

四、建筑装饰施工图专业名词

建筑装饰施工图除了应用建筑施工图的一些表示元素，例如定位轴线、指北针、索引符号和详图符号外，还有一些具有装饰专业特色的符号及内容。

1. 转角符号

立面的转折用转角符号表示，转角符号由竖直线连接两端交叉线并加注角度符号表示，如图7-4所示。

2. 立面索引符号

立面索引符号也称"内视符号"，为了表达室内立面在平面图中的位置及立面图所在图纸编号，应在平面图上用立面索引符号注明视点位置、方向及立面编号，如图7-5所示。立面索引符号的圆圈直径为8～12 mm，用细实线绘制。箭头和字母的方向表示立面图的投射方向，同时相应字母也被作为对应立面图的编号。

139

目录

序号	图号	图纸名称	图幅	备注
1	ZS-01	目录	A3	
2	ZS-02	设计说明	A3	
3	ZS-03	材料表	A3	
4	ZS-04	平面布置图	A3	
5	ZS-05	地面铺装图	A3	
6	ZS-06	顶平面布置图	A3	
7	ZS-07	顶面灯具尺寸图	A3	
8	ZS-08	客厅A立面图	A3	
9	ZS-09	客厅B立面图	A3	
10	ZS-10	客厅C立面图	A3	
11	ZS-11	客厅D立面图	A3	
12	ZS-12	卧室A立面图	A3	
13	ZS-13	卧室B立面图	A3	
14	ZS-14	卧室C立面图	A3	
15	ZS-15	卧室D立面图	A3	
16	ZS-16	客厅天花剖面图	A3	
17	ZS-17	客厅窗帘天花剖面图	A3	
18	ZS-18	餐厅天花剖面图	A3	
19	ZS-19	玄关天花剖面图	A3	
20	ZS-20	卧室天花剖面图	A3	
21	ZS-21	卧室墙面剖面图	A3	

比例	1:10
图号	ZS-01

目录

项目名称

图7-2 图纸目录

设计说明

一、工程概况

本项目客厅建筑层高为 4 200 mm，餐厅、主卧建筑层高为 2800 mm。楼板厚度 100 mm。客厅窗台高度 230 mm，窗洞口上顶面距离楼地面 3 000 mm；餐厅外阳台窗台高度 280 mm，窗洞口上顶面距离楼地面 2 240 mm，餐厅推拉门上顶面距离楼地面 2 240 mm。主卧室窗为飘窗，窗台高度为 310 mm。窗洞口上顶面距离楼地面 2 240 mm。平开入户门、入室门上顶面距离楼地面 2 100 mm。

二、设计风格

现代轻奢风格。

三、施工依据

《住宅设计规范》　　　　　　　　GB 50096
《民用建筑设计统一标准》　　　　GB 50352
《建筑内部装修设计防火规范》　　GB 50222
《民用建筑工程室内环境污染控制标准》　GB 50325

四、施工工艺及做法

1. 吊顶工程

1.1 吊顶工程应在完成管线布置及验收后施工。

1.2 吊顶工程使用的木质材料均按照设计方案进行防火、防腐、防蛀处理。

1.3 吊顶工程所使用的材料及设备均应符合国家及行业现行标准。

2. 内墙工程

2.1 内墙工程应在完成管线布置及隐蔽工程后进行施工。

2.2 进行湿作业时现场温度宜在 5 ℃以上，空气湿度宜小于 85%，不应在温度剧烈变化下施工。

2.3 内墙工程所使用的材料及设备均应符合国家及行业现行标准。

3. 地面工程

3.1 地面完成铺装后对成品进行覆盖和保护。

3.2 地面工程所使用的木质材料均按照设计方案进行防火、防腐、防蛀处理。

3.3 地面工程所使用的材料及设备均应符合国家及行业现行标准。

4. 内门工程

4.1 内门工程所用的木门均为工厂制作现场组装，木门所用的门芯为细木工板、人造饰面板、胶合板。

4.2 内门门窗选用的门经甲乙双方确定方案，且具备防潮性能、保温性能、隔声性能等。

4.3 内门工程所使用的材料及设备均应符合国家及行业现行标准。

〈 图 7-3 设计说明 〉

	比例	
设计说明	图号	ZS-02
项目名称		

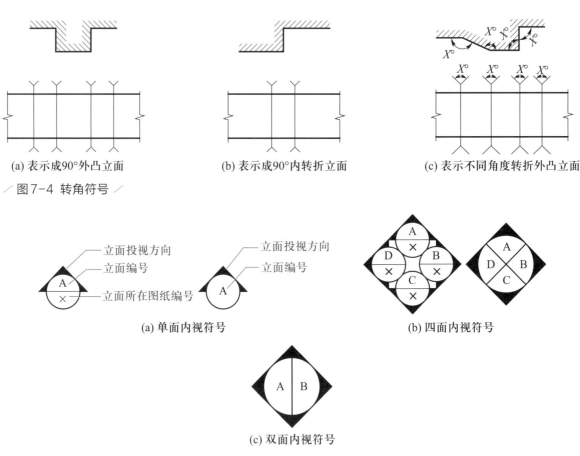

(a) 表示成90°外凸立面   (b) 表示成90°内转折立面   (c) 表示不同角度转折外凸立面

／图7-4 转角符号／

（a）单面内视符号   （b）四面内视符号

（c）双面内视符号

／图7-5 立面索引符号／

3. 对称符号

对称符号由对称线和分中符号组成。对称线用细单点长画线绘制，分中符号用细实线绘制。分中符号可采用两对平行线或英文缩写，采用英文缩写作为分中符号时，大写英文CL应置于对称线一端，如图7-6所示。

4. 连接符号

连接符号应以折断线或波浪线表示需连接的部位。两部位相距过远时，折断线或波浪线两端靠图样一侧应标注大写拉丁字母表示连接编号。两个被连接的图样应用相同的字母编号，如图7-7所示。

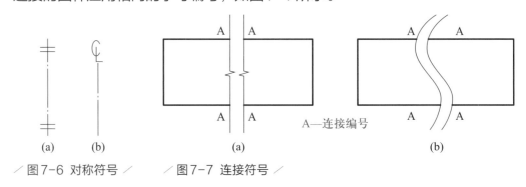

(a)   (b)   (a)   A—连接编号   (b)

／图7-6 对称符号／   ／图7-7 连接符号／

5. 引出线

对于一些构造做法需要使用引出线进行说明。引出线起止符号可采用圆点绘制，也可采用箭头绘制，如图7-8所示。起止符号的大小应与本图样尺寸的比例相协调。多层构造或多个部位共用引出线应通过被引出的各层或各部位，并应以引出线起止符号指出相应位置，如图7-9所示。

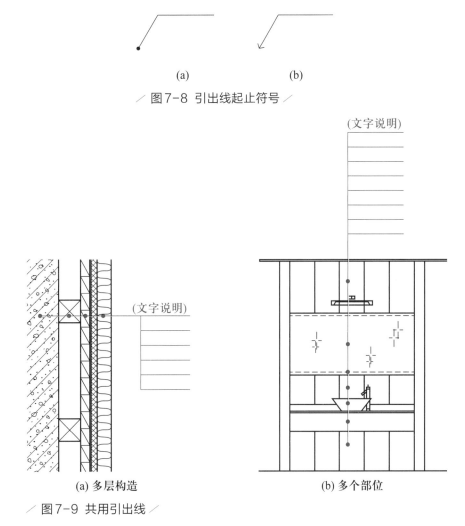

(a)　　　　　　　　　　(b)

／ 图7-8 引出线起止符号 ／

(a) 多层构造　　　　　　　　　(b) 多个部位

／ 图7-9 共用引出线 ／

五、建筑装饰施工图常用图例

在建筑装饰施工图中，除了建筑结构和构件外，还会涉及家具、电器、厨具、洁具、灯光、设备和景观等内容的表现，常用图例见表7-2。

表7-2 建筑装饰施工图常用图例

	名称	图例	名称	图例
家具	沙发		衣柜	
	床		柜子	高柜　　低柜
电器	电视	TV	冰箱	REF
	空调	A/C	洗衣机	W/M

	名称	图例	名称	图例
厨具	水槽		灶具	
洁具	淋浴房		浴缸	
	台盆		大便器、小便器	
灯光照明	艺术吊灯		吸顶灯	
	筒灯		射灯	
	轨道射灯		暗藏灯带	- - - - - - -
	壁灯		荧光灯	
设备	送风口	条形　方形	回风口	条形　方形
	侧送风、侧回风		安全出口	EXIT
	排气扇		自动喷淋头	
	感温探测器		感烟探测器	S
景观	植物		盆景	
	草坪		碎石铺地	

装饰平面图

· 了解装饰平面图的种类及形成原理；

· 了解装饰平面图的内容；

· 掌握装饰平面图的识读和绘制步骤。

　　装饰平面图是施工图设计中最基本、最主要的图纸，其他图纸（立面图、剖面图及详图）都是以它为依据派生和深化而成。装饰平面图也是其他相关工种（结构、水暖、照明等）进行分项设计与制图的重要依据。装饰平面图包括原始平面图、墙体改建图、平面布置图、地面铺装图、顶棚平面图等。

　　除顶棚平面图外，各种平面图应按正投影法绘制。装饰平面图的形成与建筑平面图的形成原理相同，即假设用一个水平剖切平面沿着略高于窗台的位置对建筑进行剖切，将上面部分移走，按剖面图画法作剩余部分的水平投影。用粗实线绘制被剖切到的墙、柱等构件的轮廓线；用中实细绘制窗台等未被剖切到的构件的轮廓线；用细实线绘制在各房间内的家具、设备的平面形状，并用尺寸标注和文字说明的形式表达家具、设备的位置关系和各表面的饰面材料及工艺要求等内容。本单元的装饰平面图、立面图、剖面图和断面图、详图都以某卧室的建筑装饰施工图为例进行识读和绘制练习。

一、原始平面图

1. 原始平面图的图示内容

　　原始平面图是根据量房结果绘制的房屋原始结构平面图。原始平面图中应注写房间的名称或编号，并应在同张图纸上列出房间名称表。在同一张平面图内，不在设计范围内的局部区域，用阴影线或填充色块的方式表示。

　　对于未被剖切到的墙体立面的洞、壁龛等，在平面图中可用细虚线表明其位置。

2. 原始平面图的识读

　　（1）了解图名、比例及文字说明。

　　（2）了解纵横定位轴线及编号，房屋的平面形状和总尺寸，房间的布置、用途及交通联系，房屋的开间、进深、细部尺寸和室内外标高。

　　（3）了解门窗的布置、数量及型号，房屋细部构造和设备配置等情况，如图7-10所示。

3. 原始平面图的绘制

　　（1）熟悉房屋的概况、确定图样比例。这个房间比较简单，选择1:50

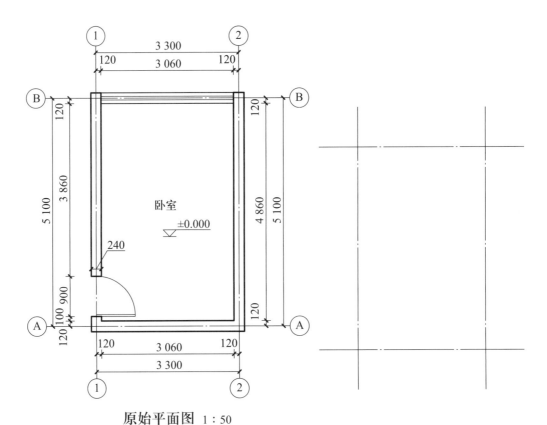

原始平面图 1：50

／ 图 7-10 原始平面图 ／ ／ 图 7-11 绘制轴线 ／

的比例。

（2）绘制轴线。按照开间和进深的尺寸，绘制出水平方向的①、②轴线及垂直方向的Ⓐ、Ⓑ轴线，如图 7-11所示。

（3）绘制墙体、门窗。按照图中墙的厚度240 mm，以轴线为中心左右各120 mm绘制出墙体。然后按照门窗的尺寸和位置，在墙体上绘制门窗，如图 7-12所示。

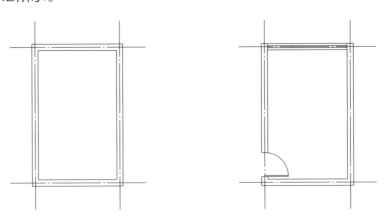

／ 图 7-12 绘制墙体、门窗 ／

（4）注写尺寸、图名、比例和各种符号。

（5）检查无误后加深。清洁图面，擦去不必要的作图线和污痕。最后的完成图如图 7-10所示。

146

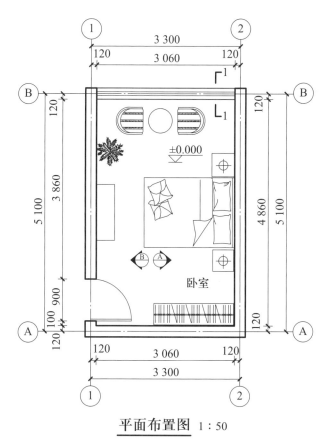

平面布置图 1:50

图7-13 平面布置图

榉木地板

地面铺装图 1:50

图7-14 地面铺装图

二、平面布置图

1. 平面布置图的图示内容

平面布置图是设计师对各个房间的家具及设施进行布置的平面图。对于平面图中的装饰装修物件可注写名称或用相应的图例符号表示。为表示出室内立面在平面上的位置，应在平面图上标出相应的立面索引符号。卧室的平面布置图如图7-13所示。

复杂的装饰平面图中，还应专门绘制地面铺装图和平面改建图。地面铺装图是表示地面材料及分割情况的平面图，如图7-14。当地面铺装图比较简单时可以和平面布置图合二为一。平面改建图是表示根据设计意图变更的非承重墙、门窗洞口位置以及增加阁楼、拆改加固等项目的图纸。

2. 平面布置图的表达深度

（1）标明室内结构的尺寸，包括房间的建筑尺寸、净空尺寸及门窗位置尺寸。

（2）标明室内家具、设备、设施的安放位置及其装修布局的尺寸关系，家具的规格和要求等；标明装修的具体形状和尺寸，包括装饰构造与建筑结构的相互关系尺寸，装饰面的具体形状及尺寸等；标明材料的规格和工艺要求。

（3）画出各立面的索引符号，如果立面较多，立面索引符号可以专门画在一张图上，称为立面索引图。

3. 平面布置图的识读

（1）了解图名、比例及文字说明；

（2）了解室内家具布置、细部构造、设备配置等情况；

（3）了解剖切位置及索引符号。

4. 平面布置图的绘制

前面建筑平面图的绘制步骤这里不再赘述。平面布置图主要表现室内的家具及设施的布置。常用家具的画法可参考图7-15，一些常用家具的尺寸需要我们在生活中留意，慢慢积累。

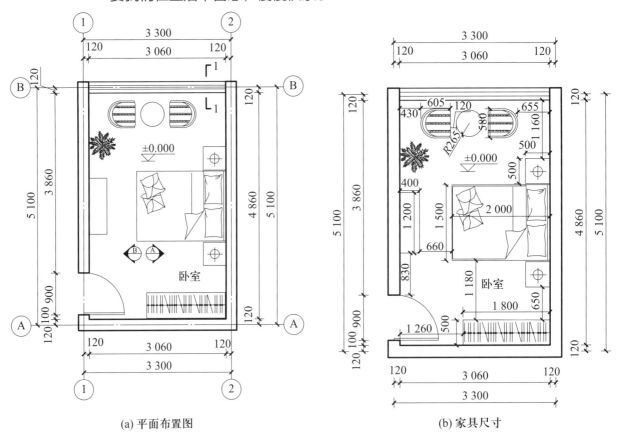

(a) 平面布置图　　　　　　　　(b) 家具尺寸

图7-15 平面布置图及家具尺寸

三、顶棚平面图

1. 顶棚平面图的图示内容

顶棚平面图所表达的是房间的灯具、烟感、喷淋、空调风口以及各级吊顶的标高、材料、索引符号等。顶棚平面图采用镜像投影法绘制，其图像中纵横轴线排列与平面图完全一致。

顶棚平面图中省去了平面图中门的符号，并用细实线连接门洞以表明门的位置。墙体立面的洞、龛等，在顶棚平面图中用细虚线连接表明其位置。房屋建筑室内顶棚上出现异形的凹凸形状时，可用剖面图表示。

复杂的顶棚平面图可分成顶棚布置图和顶棚造型尺寸图。

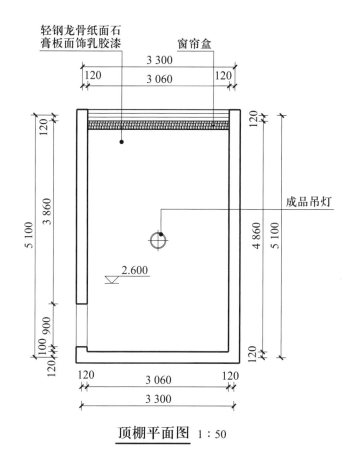

轻钢龙骨纸面石
膏板面饰乳胶漆

窗帘盒

成品吊灯

2.600

顶棚平面图 1：50

图7-16 顶棚平面图

2. 顶棚平面图的绘制步骤

（1）绘制建筑平面图。

（2）绘制顶棚的造型、灯具和设备等。

（3）注写标高、尺寸、图名、比例和各种符号。

（4）检查无误后加深，清洁图面，擦去不必要的作图线和污痕。最后的完成图如图7-16所示。

7.3 装饰立面图

　　装饰立面图是用于表达室内各立面造型、装修材料、构件尺寸等的正投影图。房屋建筑室内装饰立面图应按正投影法绘制。当立面较多时，用立面索引图指明各房间立面的名称和剖视方向。

一、装饰立面图的图示内容

　　装饰立面图根据装饰的复杂程度可以画若干张，其中居室设计一般包括客厅电视背景立面图、客厅沙发背景立面图、玄关立面图、餐厅立面图、厨房立面图、卫生间立面

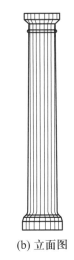

(a) 平面图　　(b) 立面图

图7-17　圆形构件

图等。

装饰立面图应表达室内垂直界面中投射方向的物体，需要时还应表示剖切位置中投射方向的墙体、顶棚、地面的可视内容。装饰立面图的两端宜标注房屋建筑的定位轴线编号。对称式装饰装修面或物体等，在不影响物体表现的情况下，立面图可绘制一半，并应在对称轴线处画对称符号。室内立面起伏较大，呈圆形弧形、曲折形或异形时，可用展开图表示，不同的转角面应用转角符号表示连接。在房屋建筑室内装饰立面图上，表面分隔线应表示清楚，并应用文字说明各部位所用材料及色彩等。圆形或弧线形构件的立面图应以细实线表示出该立面的弧度感，如图7-17b所示。

二、装饰立面图的识读

装饰立面图主要表现房间的某个垂直界面中投射方向的物体。立面图和平面图在同一方向是一一对应的。装饰立面图应包括室内装饰界面轮廓线和构造、配件做法；室内的标高，吊顶的尺寸及梯次造型的相互关系尺寸；墙面装饰的材料及式样、不同造型的位置尺寸等；墙面上门、窗、隔断等的尺寸及墙与顶、地的衔接方式等。以下具体通过图7-18所示的卧室A、B立面图来进行识读。

（1）了解图名、比例及文字说明。

（2）了解立面定位轴线及编号，立面的造型和尺寸，装修材料，墙面造型的细部尺寸及索引符号等。

三、装饰立面图的绘制

（1）绘制立面轮廓线。根据"长对正"和"高平齐"确定立面的长度和高度。根据平面图的长度尺寸确定立面图的长度尺寸，例如Ⓐ~Ⓑ轴的长度为5 100 mm，这样A立面、B立面水平长度均为5 100 mm，如图7-19所示。顶棚平面图上的标高为2.600，所以立面的高度为2 600 mm。

（2）绘制墙面的造型、灯具和设备等。

（3）绘制靠墙的家具，家具尺寸可参考图7-20。

（4）注写标高、尺寸、图名、比例和各种符号。

（5）检查无误后加深，清洁图面，擦去不必要的作图线和污痕。最后的完成图如图7-18所示。

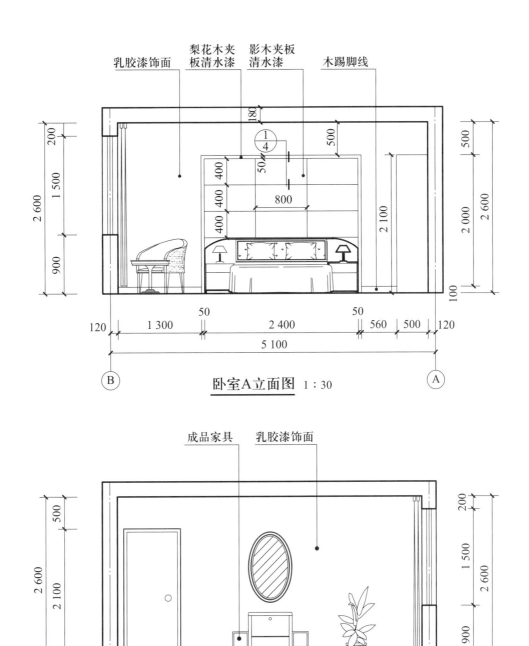

乳胶漆饰面　梨花木夹板清水漆　影木夹板清水漆　木踢脚线

卧室A立面图　1:30

成品家具　乳胶漆饰面

卧室B立面图　1:30

图7-18 装饰立面图

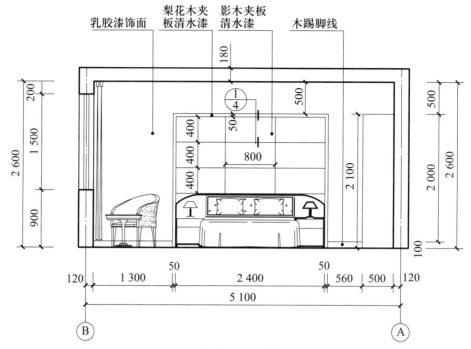

乳胶漆饰面　梨花木夹板清水漆　影木夹板清水漆　木踢脚线

卧室A立面图 1:30

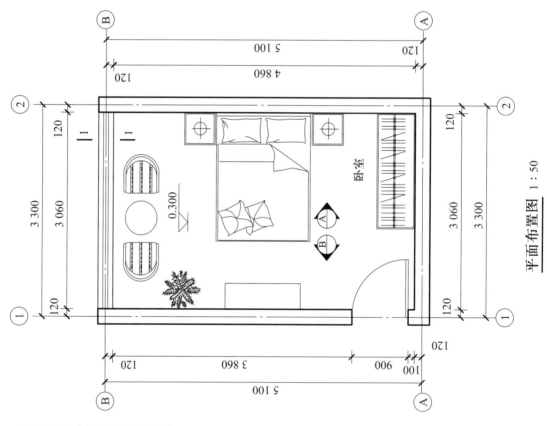

平面布置图 1:50

图7-19 立面和平面长对正

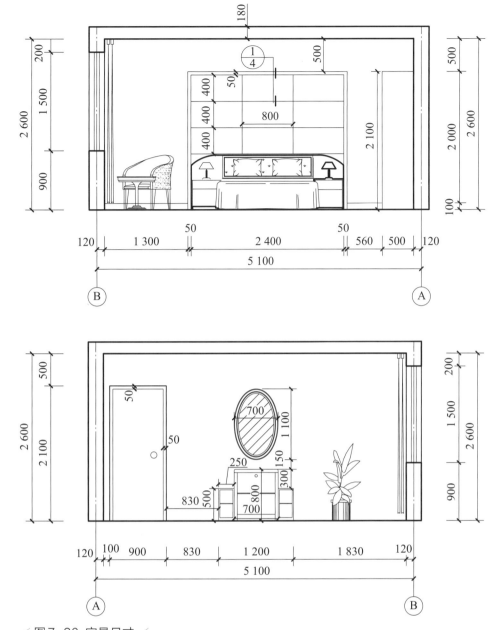

图7-20 家具尺寸

装饰剖面图和断面图

7.4

学习目标　·了解装饰剖面图和断面图的形成原理；

·了解装饰剖面图和断面图的内容；

·掌握装饰剖面图和断面图的识读和绘制步骤。

装饰剖面图和断面图是假想将装饰面剖切开，用于表达它的内部构造、

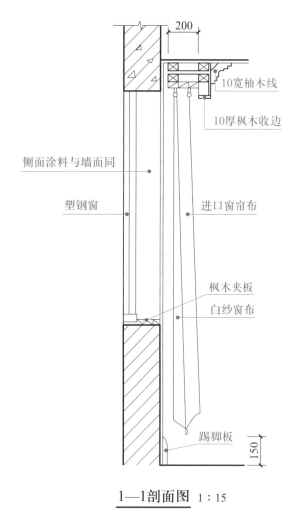

200

10宽柚木线

10厚枫木收边

侧面涂料与墙面同

塑钢窗

进口窗帘布

枫木夹板

白纱窗布

踢脚板

150

1—1剖面图 1:15

图7-21 卧室1—1剖面图

材料和装饰面与建筑结构相互关系的图样。剖面图和断面图标注有详细尺寸、工艺做法及施工要求。剖面图除了要画出被剖切到的轮廓线外还要画出可见的轮廓线,而断面图只画出剖切到的轮廓线。

一、装饰剖面图和断面图的图示内容

装饰剖面图和断面图,按正投影法绘制,剖切符号一般应绘在相应的装饰平面图内。

剖面图一般是室内竖向剖视图,除了要画出被剖切到的结构构件,还要画出从剖视方向能看到的立面的相关内容。剖面图中应注明材料名称、节点构造及详图索引符号。

断面图是室内竖向或横向的剖视图,只需画出被剖切到的结构构件,断面图中也应注明材料名称、节点构造及详图索引符号。

二、装饰剖面图和断面图的识读

在识读装饰剖面图时,应首先根据图名中的编号在平面图、立面图中找到相应的剖切符号或索引符号,弄清楚剖切或索引的位置及剖视方向。然后,在装饰剖面图中了解有关构件、配件和装饰面的连接形式、材料、截面形状和尺寸等内容。图7-21所示为卧室1—1剖面图。

首先根据剖面图编号1—1,在图7-3中找到1—1剖面图的剖切位置在卧室的窗洞处,竖向剖开后从左向右投射。主要表达窗台、窗帘盒等处的装饰构件内容。从图中可以识读出,内窗台为枫木夹板制作,窗洞侧面墙面装修与室内墙面都是乳胶漆饰面。窗帘盒宽200 mm,用10 mm厚枫木收边。窗帘盒与顶棚交接处用10 mm宽柚木角线压边。

三、装饰剖面图和断面图的绘制

(1)绘制剖面轮廓线。根据"长对正"和"高平齐"确定剖面的长度和高度。根据建筑平面图的墙体的厚度尺寸,确定装饰剖面图的墙体厚度240 mm。顶棚平面图上的标高为2.600,所以剖面的高度为2 600 mm。要注意选择的比例不同,实际绘制出的剖面图大小不一样,但标注的尺寸是一致的,都是形体的实际尺寸。

(2)绘制窗帘盒、窗帘和顶棚的装饰线脚等。

(3)绘制填充图例,标注尺寸、图名等。

装饰详图

· 了解装饰详图的形成原理；

· 了解装饰详图的内容；

· 掌握装饰详图的识读和绘制步骤。

　　装饰平面图、立面图、剖面图和断面图识读完之后，可以了解到室内装饰的主要内容，如室内家具的布置、室内地面装饰、各房间顶棚造型、灯具及其他设备安装位置、房间内墙面的装饰作法等内容。有一些装饰内容如果仍然未能表达清楚，就应该根据实际情况绘制装饰详图。

　　装饰详图是指一些详细的施工图，针对复杂的造型、装饰面连接处的构造等部位，注有详细的尺寸和收口、封边的施工方法。

一、装饰详图的图示内容及表示方法

　　装饰详图可以是平面图、正立面图、背立面图、侧立面图，也可以是剖面图、断面图。装饰详图一般比例较大，可以把一般图纸上无法表现出来的细部构造做法表达清楚。遇到图样无法表达的内容，如材质做法、材质色彩、施工要求等可以用简洁准确的文字标注完善。

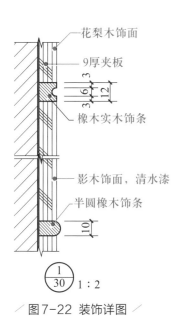

图7-22 装饰详图

二、装饰详图的识读

　　图7-22所示的节点详图的索引位置在卧室A立面图中，表达的是卧室床头背景墙的构造，该详图为剖面节点详图。从图中可以识读出，在花梨木和影木饰面内部是9 mm厚的夹板衬板。花梨木饰面与影木饰面之间的分格缝处是橡木实木饰条，一种是半圆凸纹，一种是半圆凹纹，断面形状与尺寸可从图中识读出来。

三、装饰详图的绘制

　　（1）绘制剖面轮廓线。根据三等关系确定剖面的长度、宽度、高度。要注意选择的比例不同，实际绘制出的剖面图大小不一样，但标注的尺寸是一致的。

　　（2）绘制装饰线脚等。

　　（3）绘制填充图例，标注尺寸、图名等。

技能
训练　识读附录3住宅建筑装饰施工图，完成《建筑装饰制图习题集》的相关练习。

知识
链接　除了以上的主要图纸外，装饰施工图还包括：强电布置图（表达冰箱、空调等强电线路走向布置）、弱电布置图（表达电话、网络等线路走向布置）、开关插座图等，要分别设计、综合考虑。如有增加阁楼、拆改加固等项目，应有结构图纸和简略受力计算书。自行设计的铁艺、金属楼梯、栏杆、栏板等也要有外加工图纸。

有些图纸不一定一次出齐，要等装修进行到一定程度，根据现场实际情况方可进行详细设计。如有需要，施工方在完工后应根据实际施工情况绘制竣工图，尤其是水电等隐蔽部位，对日后使用和维修有很大作用。

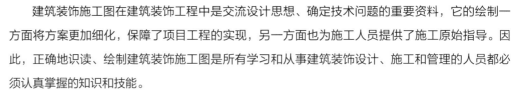

单元小结

建筑装饰施工图在建筑装饰工程中是交流设计思想、确定技术问题的重要资料，它的绘制一方面将方案更加细化，保障了项目工程的实现，另一方面也为施工人员提供了施工原始指导。因此，正确地识读、绘制建筑装饰施工图是所有学习和从事建筑装饰设计、施工和管理的人员都必须认真掌握的知识和技能。

建筑装饰施工图反映的构造内容多，材料种类多，尺度变化大，需用适宜的比例、约定的图例加上必要的文字、尺寸和标高的标注进行表达，必要时绘制透视图、轴测图等辅助表达，以利识读。

参考文献

［ 1 ］ 高远.建筑装饰制图与识图［ M ］.北京：机械工业出版社，2019.

［ 2 ］ 谭伟建.建筑装饰制图基础［ M ］.北京：中国建筑工业出版社，2018.

［ 3 ］ 高祥生.装饰设计制图与识图［ M ］.北京：中国建筑工业出版社，2016.

［ 4 ］ 白丽红.建筑工程制图与识图［ M ］.北京：北京大学出版社，2018.

［ 5 ］ 王强，张小平.建筑工程制图与识图［ M ］.北京：机械工业出版社，2018.

［ 6 ］ 顾世权.建筑装饰制图［ M ］.北京：中国建筑工业出版社，2013.

［ 7 ］ 钟建.建筑装饰制图基础［ M ］.北京：高等教育出版社，2002.

［ 8 ］ 夏万爽.建筑装饰制图与识图［ M ］.北京：化学工业出版社，2010.

［ 9 ］ 徐桂明.AutoCAD绘制施工图［ M ］.北京：化学工业出版社，2010.

［ 10 ］ 李永霞.建筑装饰设计基础［ M ］.北京：高等教育出版社，2015.

建筑装饰制图

JIANZHU
ZHUANGSHI
ZHITU

策划编辑 梁建超　　　　　　　　　插页 8

责任编辑 梁建超　　　　　　　　　购书热线 010-58581118

封面设计 杨立新　　　　　　　　　咨询电话 400-810-0598

版式设计 姜　磊　　　　　　　　　网址　　http://www.hep.edu.cn

插图绘制 黄云燕　　　　　　　　　　　　　　http://www.hep.com.cn

责任校对 刁丽丽　　　　　　　　　网上订购 http://www.hepmall.com.cn

责任印制 存　怡　　　　　　　　　　　　　　http://www.hepmall.com

出版发行 高等教育出版社　　　　　　　　　　http://www.hepmall.cn

社址 北京市西城区德外大街 4 号　　版次 2022 年 6 月第 1 版

邮政编码 100120　　　　　　　　　印次 2022 年 6 月第 1 次印刷

印刷 北京市大天乐投资管理有限公司　定价 29.20 元

开本 889mm×1194mm 1/16

印张 10.75　　　　　　　　　　　本书如有缺页、倒页、脱页等质量问题，
　　　　　　　　　　　　　　　　　请到所购图书销售部门联系调换
字数 250 千字　　　　　　　　　　版权所有　侵权必究

　　　　　　　　　　　　　　　　　物 料 号 55141-00

郑重声明

防伪查询说明

学习卡账号使用说明

图书在版编目（CIP）数据

建筑装饰制图 / 李永霞主编 . -- 北京 : 高等教育出版社 , 2022.6

建筑装饰技术专业

ISBN 978-7-04-055141-9

Ⅰ.①建… Ⅱ.①李… Ⅲ.①建筑装饰−建筑制图−中等专业学校−教材 Ⅳ.① TU238

中国版本图书馆 CIP 数据核字 (2020) 第 192720 号